Ausstellungshalle Kaiserdamm
Deutsche
Automobil-
Ausstellung
BERLIN · 1924
10. bis 18. Dezember

HANOMAG
R.862

Abbildungen Vor- und Nachsatz:

Erste Vorserie des Kommißbrotes zwischen den damals noch getrennten Gebäuden des Automobilbaus, November 1924

Konstruktionszeichnungen des Kommißbrotes der Serie II nebst zeitgenössischer Kinowerbung und Emblemen

Impressum

Die Deutsche Nationalbibliothek verzeichnet diese Publikation in der Deutschen Nationalbibliographie; detaillierte bibliographische Daten sind im Internet über https://dnb.d-nb.de abrufbar.

Lektorat: Walter Grimme, Hildesheim

Georg Olms Verlag, Hildesheim · 2025 · www.olms-presse.de

Druck: UAB BALTO print Vilnius

Printed in Lithuania 2025 · ISBN 978-3-7582-0821-8

100 Jahre Hanomag Kommißbrot

Deutschlands erster Kleinwagen aus Hannover

Geschichten und Dokumente zum „kleinen Hanomag" seit 1924

herausgegeben von

Horst-Dieter Görg

mit Beiträgen von

Torsten Hamacher, Wilhelm Höpfner (t), Sabine Jacobs, Christian Jäger, Dr. Werner Knott,
Prof. Dr. Michael Mende (t), Curt Müller und Dieter Tasch (t)

Olms Presse

Inhalt

Hannover, die Stadt der „kreativen Mobilität"

Vergangenheit hat Zukunft – die Mobilität fußt auf vielen Erfinder/Innen, die mit Schwung und Energie die „Mobilität" verwirklicht und erst richtig in Bewegung gebracht haben. Hierzu gehört insbesondere auch Hanomag aus Hannover-Linden. Nicht nur, weil sie neben der Marke Opel mit dem Laubfrosch, mit dem Kommißbrot einen entscheidenden Eckpfeiler auf dem Weg zur „Volksmotorisierung" eingerammt hat. Das Werk, damals noch vor den Toren Hannovers, ist auch eines der ersten, das in den 1920er Jahren die Vorteile der Fließbandfertigung erkannt und für sich erschlossen hat. Wenn man dann noch bedenkt, dass die Vordenker von damals auch schon nach ökologischem Maßstab fortschrittlich „Karosserien" aus nachwachsenden Rohstoffen sowie auch Motoren für unverbleiten Kraftstoff produziert haben, ist der Begriff der Pionierarbeit made in Hannover mehr als berechtigt.

Ziel der Fließbandfertigung war es nach dem ersten Weltkrieg, preiswerte Autos zu produzieren, um diese dann am Markt einer breiten Käuferschicht zu erschwinglichen Preisen anbieten zu können. Damit war Hanomag in Deutschland maßgeblich beteiligt an der industriellen Wende in die Richtung Industrie 1.0, d.h. der industriellen Massenproduktion am Fließband mit starker Arbeitsteilung, gleich dem Systemgedanken nach Frederick W. Taylor in den USA.

Im Weiteren war auch Ilse Knott-ter-Meer, die Tochter des damaligen Hanomag-Direktors, als erste Frau eine Pionierin. Sie testete ausführlich als erste weibliche „Testfahrerin" die Einsatzfähigkeiten und Grenzen der Hanomag-Modelle. Sie war auch die erste Maschinenbaustudentin an der heutigen Leibniz Universität Hannover und trat als erste Frau und letztlich Gründerin des heutigen „Frauen im Ingenieurberuf" 1925 in den VDI ein.

Pionier/Innen, Erfinder/Innen bilden den Motor unserer Wirtschaft und letztlich unseres Wohlstandes. Dabei gilt es auch bei den Gedanken in die Zukunft, die Vergangenheit nicht zu vergessen. Viele der heutigen Ideen fußen auf den Ideen unserer Vorgänger – ein Beispiel hierfür bildet die E-Mobilität, die schon ab 1921 bei der in Linden benachbarten Hawa mit deren EM 3 frühe Impulse erhielt. Das heißt, wir brauchen den Brückenschlag von gestern, über heute zu neuen Lösungen für morgen.

Ich wünsche allen Lesern viele positive Impulse, kreative Gedanken und insbesondere Spaß beim Besuch der „Hanomag-Pioniere" aus Hannover.

Prof. Dr. Uwe Groth
Vorsitzender VDI -Landesverband Niedersachsen,
Stellv. Vorsitzender Mobile Welten e.V.

100 Jahre Hanomag Kommißbrot – Deutschlands erster Kleinwagen aus Hannover

Vor mehr als zwanzig Jahren entstand anlässlich einer Ausstellung im ZeitHaus der Autostadt in Wolfsburg die inzwischen vergriffene Erstausgabe dieses Buches. Die Welt drehte sich weiter und so konnte einiges neue Material zum Hanomag-Kommißbrot zusammengetragen werden, um diese Bildgeschichte zu einem spannenden Teil unserer Technikhistorie in den Jahren 1924 bis 1928 zu erweitern und fortzuschreiben. Es ist dabei nicht nur der Weitsicht des damaligen Hanomag-Direktors, Dr.-Ing. Gustav ter Meer, zu verdanken, der den Automobilbau der Hanomag quasi ins Leben gerufen hat. Auch seine Tochter Ilse, erste VDI-Ingenieurin überhaupt und Testfahrerin des „kleinen Hanomag", trug wesentlich zu einem guten Start dieses frühen Kleinwagens bei.

Die Hanomag-Interessengemeinschaft e.V. freut sich, unweit der Landeshauptstadt Hannover mit einer Ausstellung zum 100-jährigen Kommißbrot-Geburtstag gemeinsam mit den Mobilen Welten e.V. in der ehemaligen Salzmühle im Hannoverschen Straßenbahn-Museum (HSM) in Sehnde-Wehmingen erneut auf dieses Ur-Hannoversche Produkt aufmerksam machen zu können. Als der Typ 2/10 im Herbst 1924 erstmals der Öffentlichkeit vorgestellt wurde, begann auch in Hannover ein neues Zeitalter der Mobilität. Die Hanomag war einmal mehr Vorreiter für Innovationen, denn dieses Auto revolutionierte mit seiner Ponton-Karosserie, seinem Mittelmotor-Konzept und seiner Produktion am Fließband (Serie II ab 1926) den Automobilbau in mehrfacher Hinsicht.

Zugleich wird mit der Ausstellung „100 Jahre HANOMAG Kommißbrot – Deutschlands erster Kleinwagen aus Hannover" für die Errichtung eines Mobilitäts-Erlebnis-Zentrums geworben, das hier in der Region längst überfällig ist. Der Standort Sehnde-Wehmingen bietet hier durchaus interessante Ansätze, die noch viel zu unbekannt sind und zu wenig genutzt werden.

Die Bereitschaft, uns bei der Vorbereitung und Umsetzung der überarbeiteten und erweiterten Ausstellung sowie dieses Buch-Projektes zu helfen, war enorm. Als Beispiele seien hier nur das Tretauto der Familie Giesecke aus Altwarmbüchen und die Rennwagen von Maciek Peda aus Poznan in Polen bzw. Thomas Menking aus Hemmingen mit Korb-Karosserie oder von Siegfried Hepp aus Rüsselsheim mit einfacher Stoff-Bespannung erwähnt. Diese trugen ebenso wie der von Peter Langner aus Coppenbrügge aufgearbeitete „Werkskarren", ergänzt noch um ein komplettes Fahrgestell der Hanomag-Freunde aus Störy, entscheidend zum Gelingen beider Vorhaben bei. Unser Dank gilt auch den zahlreichen Helfern aus beiden Vereinen, die viel Freizeit und Energie aufbrachten, um dieses Buch, aber zunächst natürlich die Kommißbrot-Ausstellung zu realisieren. Wir bedanken uns ferner bei allen Mitwirkenden an diesem Buch, die uns auch dieses Mal Zugang zu ihren Bild- und Fahrzeugsammlungen gewährten, um die erweiterte und überarbeitete Neuauflage zu ermöglichen.

Wenn es uns gelingt, den Leserinnen und Lesern mit diesem Werk einen vertiefenden Einblick in den Werdegang eines ebenso kuriosen wie robusten und zuverlässigen Gefährts zu verschaffen und zugleich die Begeisterung der damaligen Zeit wiederzugeben, wäre viel erreicht!

1 Aktive der Hanomag IG und der Oldtimer-Freunde Hildesheim IG beim Ausstellungsaufbau vor historischer Wellblechgarage mit Patina-Limousine

Entstehung und Entwicklung des *Hanomag*-Kommißbrots

1890 kam Gustav ter Meer, Jahrgang 1860, als junger Ingenieur für zunächst drei Jahre zur *Hannoverschen Maschinenbau-Actien-Gesellschaft* nach „Linden vor Hannover". Nach einem Intermezzo in der damaligen Gasmotoren-Fabrik Deutz kehrte er 1897 zur Hanomag nach Hannover zurück, wo er 1907 in den Vorstand berufen und 1909 deren Direktor wurde. Zur damaligen Zeit baute das Unternehmen ausschließlich Lokomotiven, Dampfmaschinen und Kesselanlagen.

Die Zeit bei *Deutz* hatte bei ter Meer die Erkenntnis reifen lassen, dass den Verbrennungsmotoren die Zukunft gehören würde. So ist es seiner Initiative zu verdanken, dass die *Hanomag* neben dem traditionellen Maschinenbau mit den Tragpflügen 1912 die Landmaschinen und zugleich die Motorenfertigung, 1919 den Bau von Kettenschleppern und 1924 von Personenwagen und Radschleppern aufnahm. Das Unternehmen schaffte sich damit mehrere neue Standbeine, die insbesondere nach der Aufgabe des Lokomotivbaues 1931 den Fortbestand der *Hanomag* sicherten.

Mitte 1924 wurden Fidelis Böhler, Jahrgang 1887, und sein Mitarbeiter Carl Pollich, Jahrgang 1897, zwei gebürtige Schwaben, bei Direktor ter Meer in Hannover vorstellig. Sie betrieben in Berlin die Kleinmotorwagen AG, ein Unternehmen handwerklichen Charakters, und suchten nach einem kapitalkräftigen Partner. Ihre Idee zu einem kleinen Wagen, der die Lücke zwischen Motorrad und Automobil schließen sollte, brachten sie ebenso mit wie zwei einsatzbereite Versuchswagen.

2 Carl Pollich, Mitarbeiter von Böhler, avancierte im Laufe der Jahre zum Chefkonstrukteur und blieb bis zu seiner Pensionierung 1963 bei der Hanomag

3 Fidelis Böhler, hier mit dem 10.000. Kommißbrot vor dem Autobau, verließ die Hanomag bereits Ende 1926 wieder

4 Generaldirektor Dr.-Ing. Gustav ter Meer, der frühzeitig die Weichen für den Automobilbau beim Lokomotiven-Hersteller Hanomag stellte

KOHLENSCHLAMM-TROCKNUNGSANLAGE
HANOMAG
HANNOVER-LINDEN

5 Hellmuth Butenuth, der leidenschaftliche Konstrukteur,wurde 1922 von ter Meer engagiert

6 Die dreirädrigen Bufag (für Butenuth Fahrzeugwerke AG) „Troll" waren eine Konstruktion von Butenuth, die er mit zur Hanomag brachte

7 Die Bufag „Troll" bewährten sich bereits 1921 bei einer Hannover-Zuverlässigkeitsfahrt

Der Hanomag und ter Meer kamen die jungen Leute gerade recht und man wurde handelseinig. Zum 1. August 1924 traten Böhler und Pollich in die Hanomag ein. Zunächst wurde die Konstruktion überarbeitet und eine Vorserie von zehn Fahrzeugen gebaut. Daran war auch Hellmuth Butenuth beteiligt, ein junger Versuchsingenieur, der der Hanomag seit knapp zwei Jahren angehörte und selbst über reichlich praktische Erfahrung mit Automobilkonstruktionen verfügte. Er stieg später zum Leiter der Versuchsabteilung auf, wozu auch der ebenfalls neu aufgenommene Radschlepperbau gehörte.

Schon auf der Automobil-Ausstellung im Dezember 1924 wurde der *Hanomag Typ 2/10* unter großem Aufsehen präsentiert. Nachdem der Lokomotivbau 1931 an *Henschel* in Kassel verkauft wurde, konzentrierte man sich in Hannover nur noch auf den Automobil- und Schlepperbau. Bis zur kriegsbedingten Einstellung der Fertigung 1941 sollten bei der *Hanomag* insgesamt rund 100.000 Autos gebaut werden. An die Kuriosität dieses ersten in Serie gefertigten deutschen Kleinwagens reichte allerdings keines der nachfolgenden Produkte mehr heran.

IS-0230

Wohl keiner hatte zur damaligen Zeit so rasch die Bedeutung der rechtzeitigen Werbung im Wettbewerb erkannt wie der Versuchsingenieur Butenuth. Von 1925 bis 1928 war er, meist gemeinsam mit dem Journalisten Wilhelm Hoepfner, bei vielen Bergrennen, internationalen Alpenfahrten und Langstreckenwettbewerben wie z. B. der Spanienfahrt oder der 30-Tage-Fahrt auf dem Nürburgring dabei. Dort standen auch beim Eröffnungsrennen 1927 drei Kommißbrote in der ersten Reihe.

Die für damalige Verhältnisse großartigen Erfolge des „kleinen Hanomag" brachten schnell alle Zweifler zum Verstummen, und auch die Verkaufszahlen konnten sich fortan sehen lassen. Butenuth rauchte Pfeife, trug eine Mütze mit großem Schirm und darauf eine Rennfahrerbrille. In den Händen hielt er ein Lenkrad und lächelte eine Lepel-Zündkerze an. So wurde auch der Ingenieur und Rennfahrer für die Werbung eingespannt und populär. Er machte sich später in Berlin selbstständig, blieb aber der Marke Hanomag treu.

Nach der erfolgreichen Markteinführung musste der „kleine Hanomag" nun aber auch gefertigt

8 Einer der ersten Prototypen des Hanomag Typ 2/10, hier mit geöffnetem und voll versenktem Verdeck...

9 ...sowie mit geschlossenem Verdeck und markantem Koffer auf der eigens dafür montierten Brücke

10 Zum alten Café Kröpcke gesellten sich im Stadtbild von Hannover bald die ersten Kommißbrote

werden. Mit Otto Dyckhoff wurde ein Produktionsfachmann angeworben, der von *Hansa-Lloyd* einige Erfahrung mitbrachte und später von Professor Porsche für den Aufbau des *Volkswagen*-Werkes gewonnen wurde. Dyckhoff reiste zunächst im Auftrag der Hanomag nach Dearborn, einem Vorort von Detroit, um in dem berühmten amerikanischen *Ford*-Werk am River Rouge eine Vorstellung von moderner Massenfertigung zu bekommen.

Nachdem die *Hanomag* bereits 1910 damit begonnen hatte, im Lohnauftrag für die *Norddeutsche Automobil- und Motorenfabrik AG* in Bremen Bootsmotoren herzustellen, und nur zwei Jahre später dazu übergegangen war, für die *Deutsche Kraftpfluggesellschaft* in Berlin einen Motor-Tragpflug zu produzieren, besaß sie zu Beginn der 1920-er Jahre nicht nur eine Fülle von Erfahrungen im Bau von Benzinmotoren, sondern auch die dazu notwendigen Betriebseinrichtungen. Eine Produktionsstätte für Automobile hingegen war noch nicht vorhanden.

So wurde nördlich der Hamelner Chaussee sogleich ein Gebäude projektiert und realisiert, wo auf vier Ebenen der gesamte Automobilbau untergebracht werden konnte. Dadurch war die *Hanomag* in der Lage, die 1925 mit 800 weitgehend von Hand gefertigten Kommißbroten der Serie I recht bescheidenen Stückzahlen in den nachfolgenden Jahren deutlich zu steigern und die Produktionskosten zu senken.

Der Erfolg des Kommißbrotes ist vielfältiger Natur, aber trotzdem rasch erklärt. Die vergleichsweise einfache Konstruktion bestand aus wenigen, aber sehr robust gefertigten Bauteilen, die Handhabung war simpel und im Zweifelsfall konnte sich der Fahrer auch mal selbst helfen. Durch den vor der Hinterachse sitzenden Motor war der Wagen zudem recht spurtreu, auch wenn die auf die starre Hinterachse mit nur einer Bremstrommel wirkende Bremse ihre Tücken haben konnte.

Der Kleinwagen war durchdacht und fand breite Käuferschichten, sofern man zur damaligen Zeit von so etwas schon sprechen konnte, denn auch ein so günstiges Fahrzeug konnte sich nicht jeder leisten und blieb etwa den Fabrikarbeitern vorenthalten.

Während Fidelis Böhler die *Hanomag* bereits 1926 wieder verließ, stieg Carl Pollich bis zum Chefkonstrukteur auf und blieb dem Unternehmen bis zu seiner Pensionierung im April 1963 erhalten. Er war nicht nur für den Bau der gesamten Personenwagen zuständig, sondern setzte insbesondere bei den Schnelllastwagen nach dem Zweiten Weltkrieg Akzente.

HORST-DIETER GÖRG / WERNER KNOTT

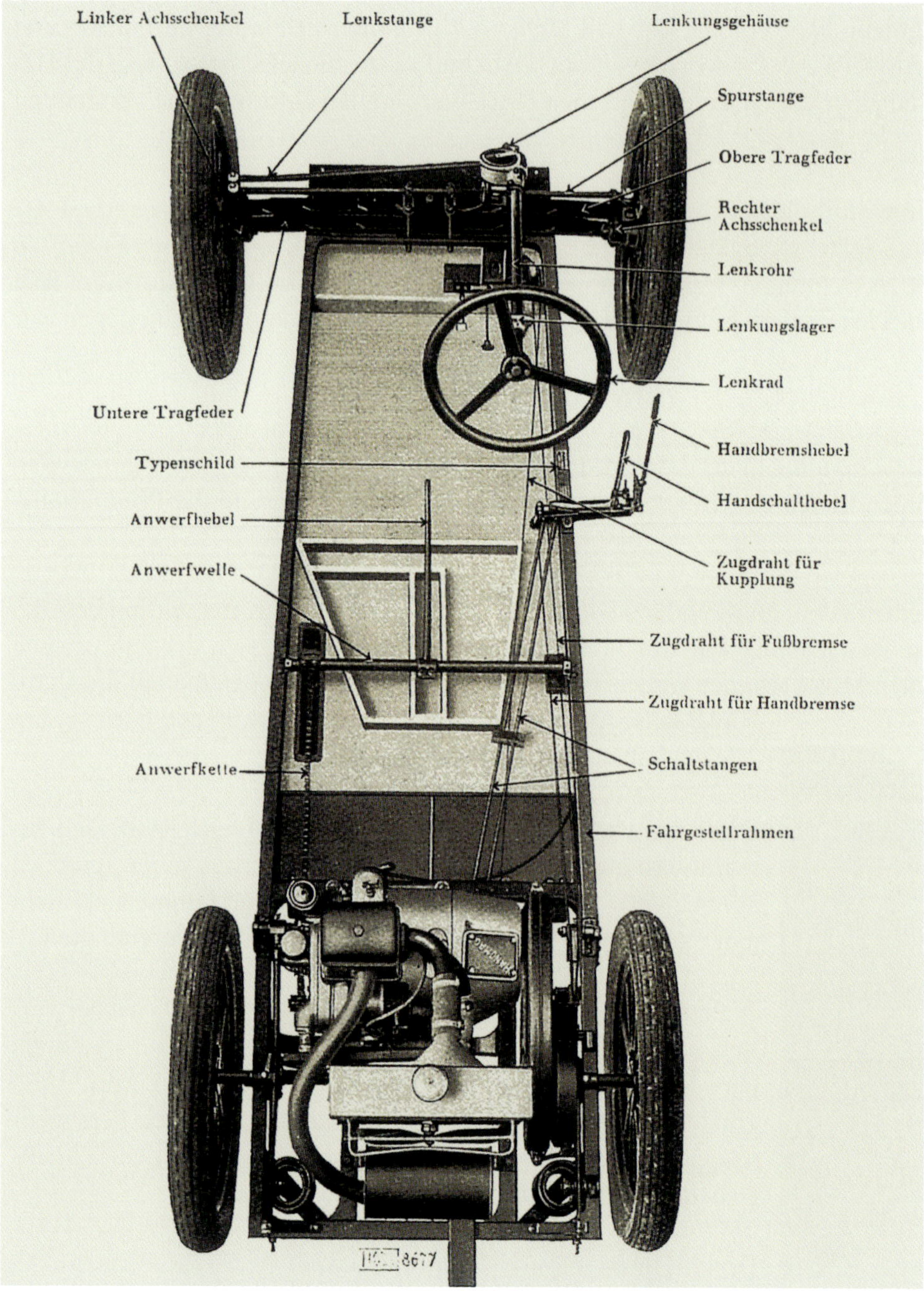

Der „kleine Hanomag" Technik und Funktion

Mit dem „kleinen Hanomag" begann ab 1924 von Hannover aus auch in Deutschland die Volksmotorisierung. Einfach im Aufbau und in der Handhabung, flott im Erscheinungsbild wurde das erste Automobil der *Hanomag* schnell populär. Gezeigt wurde der 2/10 erstmals im Dezember 1924 auf der Automobilausstellung in Berlin. Das Konzept überzeugte, denn der „Volks-Wagen" kam damals genau zur richtigen Zeit. Immer mehr Menschen träumten seinerzeit von einem Automobil. Gleichzeitig waren die meisten Fahrzeuge für den „kleinen Bürger" nahezu unerschwinglich. Da kam der mit einem Kaufpreis von rund 2.000 Reichsmark vergleichsweise günstige *Hanomag* gerade recht.

Mit seine Kosenamen wie Kommißbrot, Kohlenkasten oder Chausseewanze sollte der kleine Hanomag in die Geschichte eingehen. „Zwei Kilo Blech, ein Döschen Lack, fertig ist der Hanomag." Dieser Spruch, im Volksmund eher abwertend gemeint, gelangte zum Synonym für die Robustheit des Zweisitzers. Angeboten wurde der *Hanomag* Typ 2/10 in vier Varianten: als Cabriolet, als Limousine, als Limousine mit abnehmbaren Dach und als Kleinlastwagen.

11 Das recht übersichtliche Fahrgestell des kleinen Hanomag

12 Manche Rennversionen hatten noch eine Bespannung aus Leinen, …

13 …, andere Ausführungen verzichteten völlig auf eine Verkleidung

Die Karosserie fußte immer auf einem Stahlchassis. Der genietete U-Profil-Rahmen trug ein Holzgerüst, an dem die einzelnen Karosseriebleche befestigt waren. Die Bodenplatten waren ebenfalls aus Holz gefertigt. Den Abschluss zum Fahrgastraum bildete ein geriffeltes Aluminumblech. Der Einzylinder-Viertakt-Motor brachte es mit einem Hubraum von knapp einem halben Liter auf rund 10 Pferdestärken. Er war zwischen Sitzbank und Hinterachse quer zur Fahrtrichtung eingebaut. Die Kraftübertragung erfolgte vom Getriebe aus über eine starke Stahlkette direkt auf die als Starrachse ausgeführte Hinterachse.

Bei guter Straßenbeschaffenheit brachte das Triebwerk das je nach Karrosserieform zwischen 320 und 450 Kilo schwere Kommißbrot auf rund 60 Stundenkilometer. Der Kraftstoffverbrauch von rund vier Litern auf 100 Kilometer könnte sich auch heute sehen lassen.

Die Pontonkarosserie glänzte in jeder Aufbauvariante durch geschwungene Formen. Ähnlichkeiten mit dem noch aktuellen Audi TT sehen darin nicht nur eingefleischte Fans des kleinen Hanomags. Bei der Gestaltung des 2/10 konnten die Konstrukteure Fidelis Böhler und Carl Pollich auf zerklüftete Kühlergrills und Lufteinlässe verzichten, da der Motor ins Heck gewandert

14 Hinter der seitlichen Motorabdeckung befinden sich der Antrieb für die Ölpumpe, die Lichtmaschine und der Anwurfhebel einschließlich Rückholfeder

15 Kurbelwelle mit Pleul und Kolben in einem geschnittenen Zylinder

16 Schnitt durch ein Kommißbrot, das in den 1930-er Jahren dem Deutschen Museum in München von der Hanomag geschenkt wurde

war. Ausreichend Luft bekam die Maschine dort durch kleine Lufteinlässe, die hinter der Fahrgastzelle in die Seitenwände eingearbeitet waren.

Markant war die Frontansicht des *Hanomags* durch den großen Scheinwerfer in der Fahrzeugmitte. Zwei kleine Positionslampen als äußere Begrenzungslichter wurden hinzugefügt, damit das Auto nicht von anderen Verkehrsteilnehmern versehentlich für ein Motorrad gehalten wurde. Das „Zyklopenauge" wurde dann in den Folgejahren meist durch zwei Scheinwerfer ersetzt, die, wie zuvor die Positionslampen, unterhalb der steil stehenden Windschutzscheibe montiert waren. Die geschwungene Frontpartie des kleinen Hanomag folgte der Form der großen Holzspeichenräder und ging erst an der Windschutzscheibe in eine gerade Linie über.

HANOMAG

HANOMAG Personen- u. Lastwagen	Steckschlüssel für Sechskantmutter der linken Kurbelhälfte	Werkzeuganleitung Seite 3

Steckschlüssel für Sechskantmutter der linken Kurbelhälfte.

Um die Kurbelwelle gegen Drehung festzuhalten, wird der egenhalter (in obiger Zeichnung oberhalb des Steckschlüssels zeichnet) in die Bohrung der Anwerfwelle hineingesteckt, so 6 sich der Kurbelschenkel gegen den Gegenhalter legt.

Nachdem nun die Anwerfradteile (Federstützblech, Feder, anzbüchse, Anwerfklauen- und Antriebsklauenrad, sowie erungsblech) aufgebracht sind, wird die Sechskantmutter ls Steckschlüssel fest angezogen und durch Umkanten des rungsbleches gegen eine der Sechskantflächen gesichert.

Der Fahrgastraum bot Platz für zwei. Er war nur über eine Tür auf der linken Fahrzeugseite zu erreichen. Das Lenkrad war offenbar nach Vorbild britischer Autos auf der rechten Seite positioniert. Zwischen den Sitzen befand sich der Reversierstarter. Die Ausstattung des Armaturenbrettes beschränkte sich auf einen Tachometer, den Startknopf für die elektrische Anlage des Wagens sowie einen Lichtschalter für die Fahrzeugbeleuchtung. Außerdem war das Armaturenbrett mit einem kleinen Staufach ausgestattet. Ungewohnt mutet die Anordnung der Pedale im Fußraum an. Während das Kupplungspedal wie bei heutigen Automobilen auch ganz links angebracht war, befand sich das Gaspedal in der Mitte und das Bremspedal rechts.

Hinter der Fahrgastzelle setzte die Karosserie ihren eleganten Bogen weiter fort. Auch hier folgte der Schwung des Blechs den großen Holzrädern und bildete so das Heck des 2/10. Einen Kofferraum gab es nicht. Allerdings war auf

17 Handbuch und Werkstattanleitung erleichterten Bedienung, Wartung und Reparatur bereits 1925

18 Die Hinterachsschwingen waren an zwei Paar Spiralfedern aufgehängt und mit Reibungsdämpfern gefedert

19 Mit eigenen Kundendienst-Fahrzeugen baute die Hanomag bereits Anfang der 1930-er Jahre ihren Service aus

HANOMAG
Groß-
Lautsprecher
Wagen
Auto-Haus
Balke
Obergstr. 3
Tel. 2584
ein Liebling ist der Hanomag
Mein Lieb-ling ist der Ha-no-mag…
AUTO-BALKE
AUTO-UNION

20 Heute gesuchte Rarität: die Tasche mit dem vollständigen Bordwerkzeug

21 Über dem markanten Zyklopenauge des 2/10 war neben dem Kennzeichen auch der Hanomag-Schriftzug aufgemalt

22 Innenseiten des ersten Werbeblatts „Der kleine Hanomag"

dem abfallenden Heck des Wagens eine Halterung angebracht, die sowohl das Reserverad als auch einen Koffer aufnehmen konnte.

Anders der Lieferwagen: Bei diesem Kommißbrot-Typ befand sich über dem Heck der Laderaum. Die ebene Fläche lag unmittelbar hinter der Fahrgastzelle auf der Karosserie auf und war am hinteren Ende des Autos mit zwei Stützen mit dem Fahrzeugrahmen verbunden. Der Aufbau bot beispielsweise Handwerkern Platz für ihre Werkzeuge oder konnte mit Regalen ausgestattet Bäckereien für die Auslieferung ihres Backwerkes dienen.

Die Limousine des Kommißbrotes gab es in zwei Ausführungen. Zum einen war die Limousine mit einem festen Dachaufbau versehen. Äußerlich kaum zu unterscheiden war die zweite Variante. Auch sie bot ihren Passagieren durch die recht hohe Dachlinie ausreichend Platz. Allerdings verbarg sie einen besonderen Clou. War es im Sommer sehr warm, konnte der Dachaufbau mit wenigen Handgriffen komplett abgenommen werden. Somit vereinte diese Variante des 2/10

Der Kleine Hanomag

Zwei bequeme Sitze nebeneinander

Radstand 1920; Spurweite 1040. Durch die Anordnung des Motors hinten, sowie in Verbindung mit einer modernen und glatt geformten Karosserie sind zwei ganz bequeme Sitze nebeneinander geschaffen, wie in jedem großen Wagen. Eine breite Scheibe und Verdeck schützen die Insassen. Der Schwerpunkt ist sehr niedrig gelegt, was die Fahrsicherheit wesentlich erhöht.

Vorder- und Hinterachse sind durch zweckmäßige Federung mit dem Fahrgestell verbunden.

Die Räder sind abnehmbar und mit Ballonreifen 27×3½ versehen. Das Reserverad ist im Wageninnern unsichtbar untergebracht und bequem zugänglich.

Die Lenkung besteht aus einem ungeteilten Gehäuse mit Schnecke und Schneckenrad. Die Aufhängung am Fahrgestell erfolgt federnd, um Spannungen und Stöße zu vermeiden. Die Gelenke an den Verbindungsstangen sind staub- und wasserdicht und mit Preßschmierung versehen.

Die Bremsen sind als Backen- und Bandbremse ausgebildet und leicht nachstellbar.

Der Motor ist ein wassergekühlter Einzylinder mit ½ Liter Inhalt = 2 Steuer-PS, nach den modernsten Grundsätzen gebaut mit Kugel- und Rollenlager, Leichtmetall-Kolben und Boschöler. Der Einzylinder wurde gewählt, weil dieser erfahrungsgemäß gegenüber gleichstarken Mehrzylindern die größte Lebensdauer hat. 12 PS Dauerleistungen an der Bremse bei niedriger Drehzahl ist ebenfalls ein Vorzug des Einzylinders. Das Anwerfen des Motors erfolgt durch Handstarter vom Sitz aus.

2/12 PS-Motor mit Getriebe

23 Eine kleine Garage gab es bereits als Sonderzubehör

24 Technische Zeichnung des 2/10-Fahrgestells in einer Seiten- und Draufsicht

die Vorzüge von Limousine und Cabrio in nur einem Fahrzeug.

Das eigentliche Cabrio wirkte mit Abstand am sportlichsten. Die kleine Stoffmütze stieg von der flachen Windschutzscheibe weiter an. Erst über dem Fahrer- und Beifahrersitz war die höchste Stelle erreicht. Zum Heck hin fiel das Dach wieder ab. Mit wenigen Handgriffen konnte die kleine Kapuze in den Verdeckkasten hinter der Sitzbank abgelegt werden.

Aus wirtschaftlicher Sicht wäre es sicherlich sinnvoller und konsequenter gewesen, das bestehende und bewährte Konzept des 2/10 weiter zu entwickeln und zu verbessern. So hätte beispielsweise ein elektrischer Anlasser sicherlich die Akzeptanz des kleinen Wagens in der Gunst der Käufer noch weiter steigen lassen.

1928 – vier Jahre nach der Vorstellung des „kleinen Hanomag“ – lief die Produktion aus. Insgesamt stellte die Hanomag in dieser Zeit 15.775 Kommißbrote auf die Räder. Die robuste Technik und die solide Bauweise führte dazu, dass der kleine Hanomag bis heute eine große Fangemeinde hat.

Torsten Hamacher

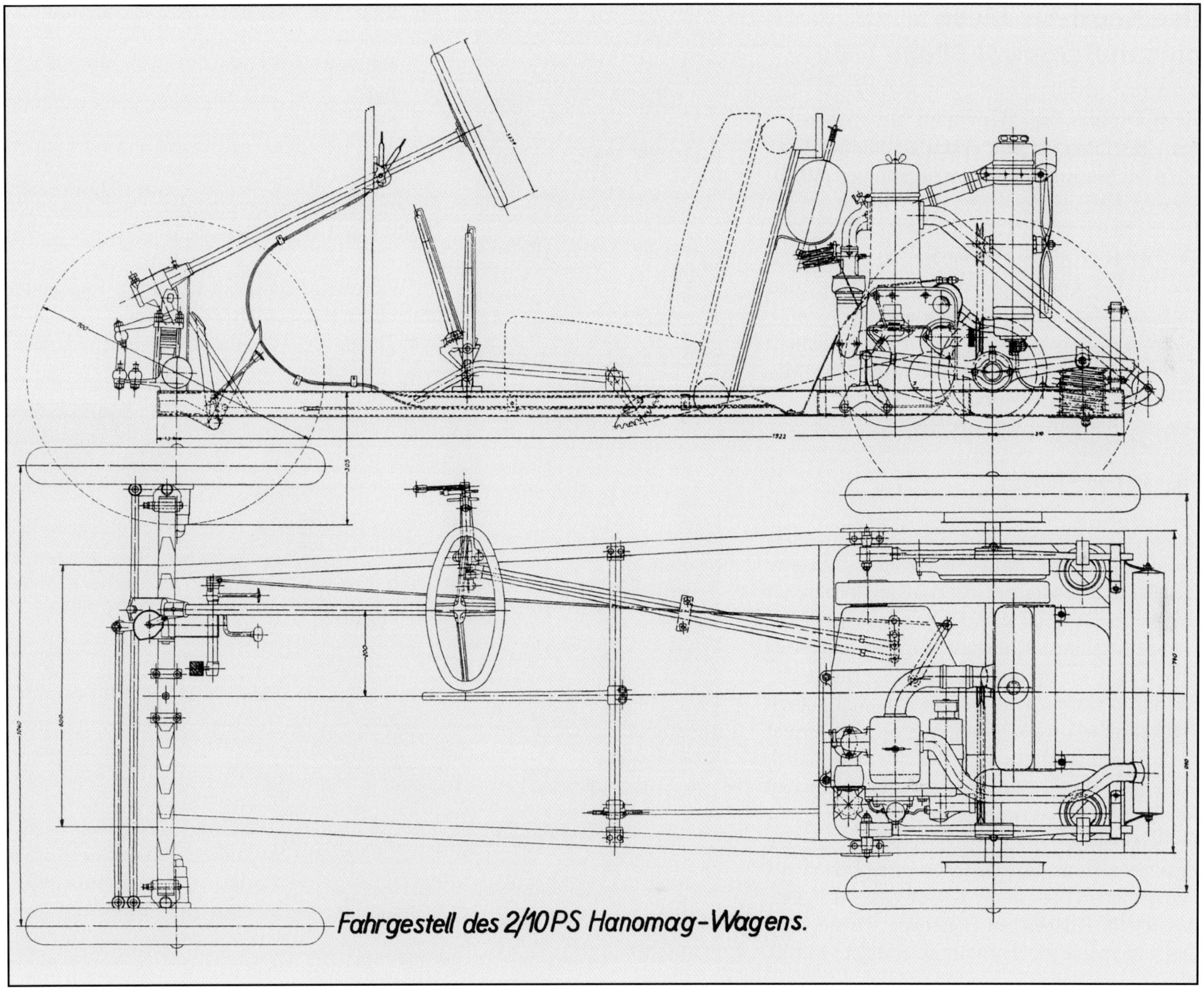

Fahrgestell des 2/10 PS Hanomag-Wagens.

Ilse Knott-ter Meer, eine außergewöhnliche Frau

Erste Diplom-Ingenieurin im Maschinenbau, Testfahrerin und erstes weibliches Mitglied im Verein Deutscher Ingenieure (VDI)

Ilse ter Meer, später verheiratete Knott, kam am 14. Oktober 1899 in Hannover als erstes Kind von Dr.-Ing. Gustav ter Meer (1860-1950) und Paula ter Meer, geborene Behrens (1878-1962), zur Welt. Ihr Vater war zu dieser Zeit Ingenieur und Konstrukteur bei der Hannoverschen Maschinenbau Actien-Gesellschaft (Hanomag) und stieg 1906 in deren Vorstand auf.

Jugend und Studium

Schon als Mädchen interessierte sie sich für technische Dinge. Ihr Vater erkannte früh ihre Begabung und förderte sie. Als sie 10 Jahre alt war, schenkte er ihr eine funktionsfähige kleine Dampfmaschine. „Die wurde dann mein liebstes Spielzeug", erzählte sie später. „Es gab nichts Schöneres für mich, als mit meinem Vater durch die Fabrikhallen zu gehen, wo es ratterte und nach Maschinenöl roch", erinnerte sie sich noch im hohen Alter. Lange Zeit mussten sich junge Frauen aber im Privatunterricht auf das Abitur vorbereiten. So besuchte sie zunächst private Gymnasialkurse für Mädchen und sodann als einzige junge Frau in der Klasse das „Realgymnasium für Knaben" in Hannover, wo sie 1919 die Allgemeine Hochschulreife erlangte. Mit 21 Jahren machte sie als eine der ersten Frauen in Deutschland den Führerschein.

Im Wintersemester 1920 betrat sie zum ersten Mal einen Hörsaal der Technischen Hochschule in Hannover, was zunächst zu einem Aufruhr

25 Ilse ter Meer als junge Frau (Ölgemälde, um 1920)

26 Ilse Knott als junge Ingenieurin und Testfahrerin, hier mit einem frühen Prototyp der Serie 1 im Herbst 1924

27 Familie ter Meer vor der Hauptverwaltung mit neun Kommißbroten

HANOMAG

28 Für Testfahrten mit dem Kommißbrot spannte Generaldirektor ter Meer auch Frau und Tochter ein

29 Hoepfner, Haeberle und Butenuth waren immer wieder auch auf werblichen Veranstaltungen für die Hanomag im Einsatz

Erste Diplom-Ingenieurin im Maschinenbau

Nach dem Vorexamen ging Ilse ter Meer 1922 zusammen mit ihrer jüngeren Schwester Anneliese, die Malerei studierte, nach München. Am Odeonsplatz mieteten sich die beiden ein Zimmer in der Pension Grebenau, die von zwei älteren Damen geführt wurde. Auch an der Technischen Hochschule München war die

führte: Einige hundert Studenten scharrten laut mit den Füßen. „Was will eine Frau in der Technik?“ sollte das wohl heißen. „Ich kriegte einen roten Kopf und wollte am liebsten gleich wieder rauslaufen. Aber das Thema interessierte mich und ich blieb. Ich habe mich sogar trotzig in die erste Reihe gesetzt.“ Bald stellte sich heraus, daß etliche Studenten den Mut und das Interesse der jungen Frau bewunderten. Es bildete sich eine Art „Schutztruppe“, die sie in die Hörsäle begleitete und sie gegen hämische Angriffe verteidigte. Ihre Betriebspraktika machte sie bei Hanomag, in der Werkzeugmaschinenfabrik Auerbach in Dresden und bei der Danziger Schiffswerft. Überall wurde die hübsche junge Frau neugierig, aber wohlwollend bestaunt.

30 Auf dem Weg zum Fototermin am Benther Berg auf der alten Brücke am Fischerhof, im Hintergrund das Werk

31 Selbst der größte Dreck auf den weitgehend unbefestigten Straße wurde bewältigt

Maschinenbau-Studentin nach eigener Erinnerung meist die einzige Frau in den Vorlesungen und Seminaren. „Die Professoren waren eigentlich alle sehr nett“, erinnerte sie sich an ihre Studienzeit. Diesen fiel sie nicht nur durch ihre äußere Erscheinung auf, sondern auch durch gute Leistungen. 1924 legte sie ihr Diplom mit der Gesamtnote „Gut“ ab (Notendurchschnitt 1,8). Ihre akademischen Lehrer hatte sie besonders in den Fächern „Konstruktionslehre der Dampfmaschinen“ und „Kinematik“ beeindruckt.

Testfahrerin für den Hanomag 2/10-PS

Für das Jahr 1924 existiert noch eine Mitgliedskarte der Flugtechnischen Vereinigung München e. V., die von ihrem weitgespannten technischen Interesse zeugt. Im Sommer und Herbst 1924 brachte die Hanomag in Hannover den neuen Kleinwagen, den Typ 2/10-PS (später offiziell auch als „Der kleine Hanomag“ oder mit Spitznamen „Kommißbrot“ bzw. „Hanomäxchen“ bezeichnet) zur Serienreife. Zusammen mit den beiden Konstrukteuren Fidelis Böhler und

32 „Foto-Shooting“ an den noch heute existenten Benther Berg-Terrassen bei Gehrden westlich von Hannover

Carl Pollich sowie dem Leiter der Versuchsabteilung Hellmuth Butenuth waren alle Mitglieder der Familie, also neben Generaldirektor Dr.-Ing. Gustav ter Meer auch dessen Frau Paula, die Töchter Ilse und Anneliese sowie der Sohn

33 Ilse ter Meer mit ihrem Bräutigam, Dr. Carl Knott, und „Hochzeitsgeschenk“ vor dem Haus der Eltern in der Gellertstraße in Hannover-List

Hans als Testfahrer tätig. Im Dezember 1924 wurde der Wagen auf der Automobilausstellung in Berlin der Öffentlichkeit vorgestellt und ging im Frühjahr 1925 in die Serienproduktion.

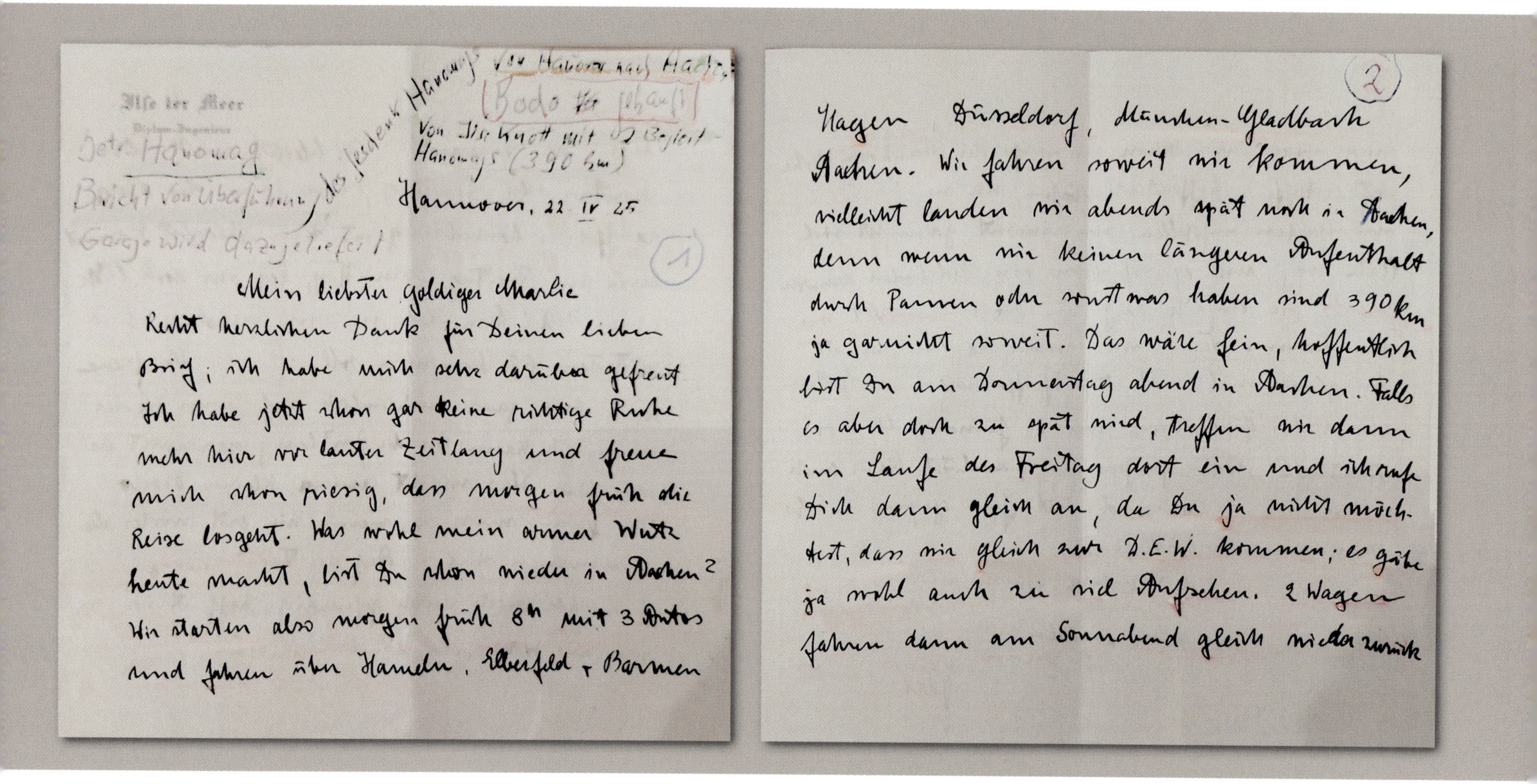
Ilse ter Meer
Diplom-Ingenieur

Jetzt Hanomag
Bericht von Überführung
Georg wird dazugeliefert

Von Ilse Knott mit 2 Begleit Hanomags (390 km)

Hannover, 22 IV 25

(1)

Mein liebster goldiger Marlie
Recht herzlichen Dank für Deinen lieben Brief; ich habe mich sehr darüber gefreut. Ich habe jetzt schon gar keine richtige Ruhe mehr hier vor lauter Zeitlang und freue mich schon riesig, dass morgen früh die Reise losgeht. Was wohl mein armer Wutz heute macht, bist Du schon wieder in Aachen? Wir starten also morgen früh 8h mit 3 Autos und fahren über Hameln, Elberfeld u. Barmen

(2)

Hagen, Düsseldorf, München-Gladbach Aachen. Wir fahren soweit wir kommen, vielleicht landen wir abends spät noch in Aachen, denn wenn wir keinen längeren Aufenthalt durch Pannen oder sonst was haben sind 390 km ja garnicht soweit. Das wäre fein, hoffentlich bist Du am Donnerstag abend in Aachen. Falls es aber doch zu spät wird, treffen wir dann im Laufe des Freitag dort ein und ich rufe Dich dann gleich an, da Du ja nicht möchtest, dass wir gleich zur D.E.W. kommen; es gäbe ja wohl auch zu viel Aufsehen. 2 Wagen fahren dann am Sonnabend gleich wieder zurück

34 Vor der Überführung ihres Hochzeitsgeschenks nach Aachen schrieb Ilse ter Meer, nun verheiratete Knott, diese amüsanten Zeilen an ihren Mann

Erste Frau im Verein Deutscher Ingenieure (VDI)

1925 beantragte Ilse ter Meer die Aufnahme in den Verein Deutscher Ingenieure (VDI). Dort musste erst geprüft werden, ob nach der Satzung Frauen überhaupt zur Mitgliedschaft zugelassen waren. Nachdem man keinen gegenteiligen Passus fand, wurde sie das erste weibliche Mitglied im VDI.

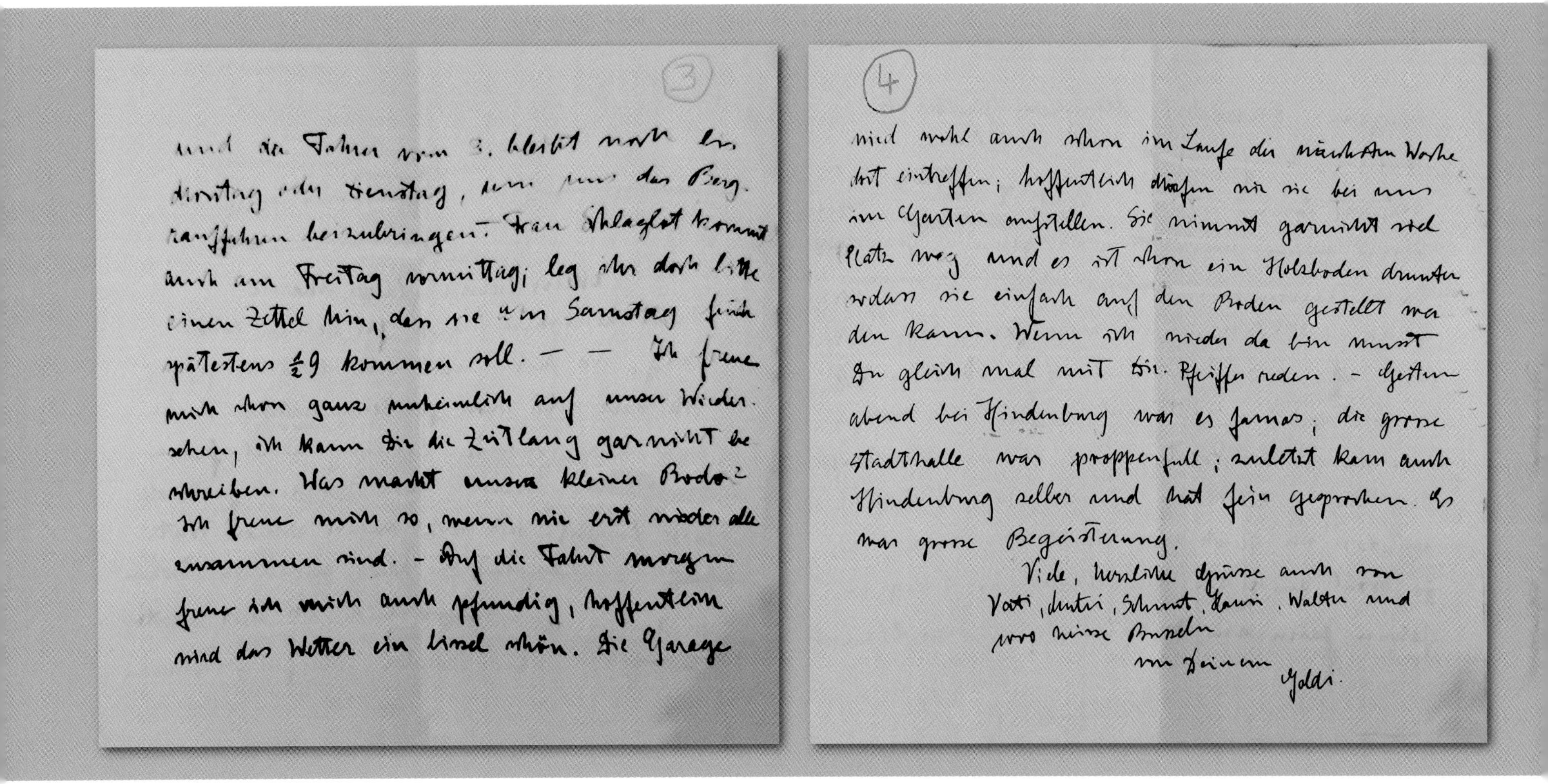
(3)
und der Fahrer vom 3. bleibt noch bis
Montag oder Dienstag, um uns das Berg-
rennfahren beizubringen. Frau Schlaglot kommt
auch am Freitag vormittag; leg ihr doch bitte
einen Zettel hin, dass sie am Samstag früh
spätestens ½9 kommen soll. — — Ich freue
mich schon ganz unheimlich auf unser Wieder-
sehen, ich kann Dir die Zeitlang garnicht be-
schreiben. Was macht unser kleiner Bodo?
Ich freue mich so, wenn wir erst wieder alle
zusammen sind. – Auf die Fahrt morgen
freue ich mich auch pfundig, hoffentlich
wird das Wetter ein bissel schön. Die Garage

(4)
wird wohl auch schon im Laufe der nächsten Woche
dort eintreffen; hoffentlich dürfen wir sie bei uns
im Garten aufstellen. Sie nimmt garnicht viel
Platz weg und es ist schon ein Holzboden drunter
sodass sie einfach auf den Boden gestellt wer-
den kann. Wenn ich wieder da bin musst
Du gleich mal mit Dr. Pfeiffer reden. – Gestern
abend bei Hindenburg war es famos; die grosse
Stadthalle war proppenfull; zuletzt kam auch
Hindenburg selber und hat fein gesprochen. Es
war grosse Begeisterung.
Viele, herzliche Grüsse auch von
Vati, Mutti, Schmidt, Hanni, Walter und
viele süsse Busserln
von Deiner
Goldi.

Heirat und eigene Berufstätigkeit

Im gleichen Jahr heiratete sie den promovierten Ingenieur der Elektrotechnik Carl Knott (1892-1987) und ging mit ihm nach Aachen, wo er – zuletzt als technischer Direktor – bis 1928 bei der Deutsche Elektrizitäts-Werke zu Aachen – Garbe, Lahmeyer & Co. AG (D.E.W.) tätig war. Als Hochzeitsgeschenk erhielt das junge Paar vom Vater der Braut einen der neuen Hanomag-Kleinwagen. Weil ihr Mann zu dieser Zeit noch keinen Führerschein besaß, überführte die frischgebackene Ehefrau das Auto auf eigener Achse und eskortiert von zwei weiteren Hanomag 2/10-PS

mit Werksfahrern selber von Hannover in die alte Residenzstadt Karls des Großen.

Am 23. April 1925 um 8.00h startete die Gruppe im Hanomag-Werk und fuhr über Hameln, Elberfeld, Barmen, Hagen, Düsseldorf und Mönchengladbach nach Aachen. „Wir fahren soweit wir kommen, vielleicht landen wir abends spät noch in Aachen, denn wenn wir keinen längeren Aufenthalt durch Pannen oder sonstwas haben,

35 Porträt der Ilse Knott-ter Meer aus Familienbesitz, um 1930

36 Hanomag agierte bereits 1925 – aus dem Lokomotivbau kommend – weltweit, hier auf einer Messe in Australien

37 Um ihren Sohn Werner Knott (rechts) vom Motorradfahren abzuhalten, das als zu gefährlich galt, bekam der junge Banklehrling 1951 von der Mutter ein gebrauchtes Kommißbrot geschenkt

38 Kommißbrot auf Tour, vermutlich im Harz

sind 390 Kilometer ja gar nicht so weit", kündigte sie ihrem Mann am Vortag in einem handschriftlichen Brief an, der erhalten geblieben ist. „Falls es aber doch zu spät wird, treffen wir dann im Laufe des Freitag dort ein und ich rufe Dich dann gleich an, da Du ja nicht möchtest, dass wir gleich zur D.E.W. kommen; es gäbe ja wohl auch zu viel Aufsehen. 2 Wagen fahren dann am Sonnabend gleich wieder zurück." Zum „kleinen Hanomag" als Hochzeitsgeschenk gehörte auch eine Wellblech-Garage, die das Werk auf Wunsch als Sonderausstattung mitlieferte. „Die Garage wird wohl auch schon im Laufe der nächsten Woche dort eintreffen; hoffentlich dürfen wir sie bei uns im Garten aufstellen. Sie nimmt gar nicht viel Platz weg und es ist schon ein Holzboden drunter, sodass sie einfach auf den Boden gestellt werden kann" hieß es dazu im Brief weiter.

In Aachen eröffnete Ilse Knott-ter Meer ein technisches Büro, wo sie neben Dampfmaschinen die „Schleudermaschinen Bauart ter Meer" vertrat, die ihr Vater für die Abwasserreinigung entwickelt hatte. Später wurden diese vornehmlich in der chemischen Industrie eingesetzt. Ihre besondere Vorliebe galt aber dem zweisitzigen „kleinen Hanomag", für den sie ebenfalls eine Vertretung übernommen hatte. „Wir hatten selbst so ein Ding. Es hatte nur einen Zylinder und keinen elektrischen Anlasser. Das Auto wurde mit einem sog. Kickstarter in Gang gebracht. Wenn das nicht funktionierte, mussten wir ihn einen Hang hinunterrollen lassen", erzählte sie viele Jahre später vergnügt.

„The woman engineer"

Entsprechend den damaligen Rollenerwartungen war Ilse Knott-ter Meer neben ihrer freiberuflichen Tätigkeit auch repräsentierende Ehefrau und Mutter. Sie zog mit ihrem Mann 1928 nach Berlin, wo er bei den Siemens-Schuckert-Werken arbeitete. Außerdem begleitete sie ihn auf seinen Auslandsreisen nach England und Nordamerika, wo sie von den Zeitungen als „the woman engineer" bewundert wurde. 1929 schloss sie sich der englischen „Women's Engineering Society" an. Auf der Welt-Kraft-Konferenz 1930 in Berlin traf sie zum ersten Mal mit anderen Ingenieurinnen zusammen. „Es gab damals nur sechs oder sieben auf der ganzen Welt", erinnerte sie sich später. Hier tauchte zum ersten Mal die Idee auf, in Deutschland einen Verein zu gründen, der Frauen die Technik näherbringen sollte. Der erneute Wohnortwechsel – Dr.-Ing. Carl Knott übernahm die Leitung der Siemens-Schuckert-Werke in Nürnberg – und die politische Entwicklung ab 1933 ließen sie diese Pläne auf

39 Familiengrab in Rottach-Egern

Eis legen. 1932 brachte sie ihren Sohn Werner und 1936 den Sohn Günther zur Welt.

NS-Zeit und Zweiter Weltkrieg

In der Zeit des Nationalsozialismus und während des Zweiten Weltkriegs zog sich die Ingenieurin weitgehend in die Privatsphäre zurück. Sie hatte für die Kinder zwar immer „Mädchen", aber wollte auf keinen Fall zu Aufgaben für das Regime herangezogen werden. In Nürnberg, wo der NSDAP-Gauleiter und fanatische Judenhasser Julius Streicher sein Unwesen trieb, war recht früh aufgefallen, dass die Frau des Siemens-Fabrikdirektors nicht in der Partei und in keiner NS-Frauenvereinigung Mitglied war. Solange dies noch möglich war, schrieb sie gelegentlich Artikel für ausländische Ingenieur-Zeitschriften.

Nach 1945: Förderung von Frauen im Ingenieurberuf

Erst nach dem Zweiten Weltkrieg konnte sie ihre freiberufliche Tätigkeit voll wieder aufnehmen und schrieb erneut Beiträge für technische Zeitschriften. Ab 1956 leitete Ilse Knott-ter Meer das Büro der Generalvertretung eines US-amerikanischen Elektrogeräte-Herstellers. Es blieb ihr Bestreben, die gebildete Fachfrau als festen Bestandteil der technischen Gesellschaft zu etablieren. Den VDI erkannte sie dazu als wert-

vollen Partner. Sie gehörte dem Beirat der VDI-Fachgruppe Haustechnik an und war 1960 eine der sechs Gründerinnen des VDI-Ausschusses „Frauen im Ingenieurberuf" (FIB), ein Anliegen, um das sie sich große Verdienste erwarb. 1964 beteiligte sich Ilse Knott-ter Meer als Vertreterin der Bundesrepublik Deutschland an der ersten Internationalen Konferenz von Ingenieurinnen in New York. Beim VDI arbeitete sie im REFA-Ausschuss Hauswirtschaft mit und hielt Vorträge über Haushaltstechnik.

In den 1960er Jahren erschien in den VDI-Nachrichten ein Artikel von ihr zum Thema „Frauen und Technik". Damals diskutierte man darüber, für welche Berufe im Ingenieurwesen Frauen denn geeignet seien. Die Auffassungen in diesem Punkt haben sich in den folgenden 30 Jahren gewandelt. In einem Interview bedauerte sie 1992: „Aber es gibt trotzdem immer noch zu wenige, die sich ein technisches Studium zutrauen".

Lebensabend und Ehrungen

Nach der Pensionierung von Dr.-Ing. Carl Knott, der schließlich zum Vorstandsmitglied bei Siemens avanciert war, zog die Familie wieder nach

München. 1987 verstarb er nach 62-jähriger Ehe. Die alte Dame lebte von da an recht zurückgezogen mit einem ihrer beiden Söhne in einer alten Villa an der Menterschwaige. Als Mitglied im Deutschen Akademikerinnenbund und im FIB unterstützte sie aber weiterhin Bestrebungen, junge Frauen für ihren Beruf zu interessieren. Ihre letzten Jahre verbrachte sie in einem Seniorenheim am Tegernsee, wo sie sich noch im Alter von mehr als 90 Jahren durch Fachzeitschriften über Elektrotechnik und Elektronik auf dem Laufenden hielt.

Ilse Knott-ter Meer starb am 3. November 1996 in Rottach-Egern, wo ihre Urne im Familiengrab auf dem Gemeindefriedhof beigesetzt ist.

Ihr zu Ehren gibt es seit 1998 in Hannover-Linden den Ilse-ter-Meer-Weg und auf dem Campus Maschinenbau der Leibniz Universität Hannover in Garbsen trägt das Ilse Knott-ter Meer-Haus ihren Namen.

CURT MÜLLER

Quellen

Sibylle Nagler-Springmann, Technik aus Leidenschaft, S. 241-243, in: Frauenleben in München, Buchendorfer Verlag, 1992

Sibylle Nagler-Springmann, Technik pur aus Leidenschaft, Münchner Stadtanzeiger Nr. 3/1997, S. 10

Julia Klinkusch, Porträt - Ilse Knott-ter Meer: Die erste Frau im VDI, ingenieur.de

Dr.-Ing. Hans Sonnenberg, Porträt: Ingenieure … sind natürlich auch Ingenieurinnen, zum Beispiel Ilse Knott-ter Meer, iQ-Journal 3/2015, S. 6

Biografische Angaben zu Ilse Knott-ter Meer, Deutsches Kunstarchiv im Germanischen Nationalmuseum, Nürnberg

Dr. Werner Knott, München

40 Aus dem Nachlass der Familie – Holzmodell eines Kommißbrotes von 1932

41 Werner Knott im Frühsommer 2025 mit Holzmodell

Produktion des *2/10* am „laufenden" Band

Als Automobilbauer trat die *Hanomag* vergleichsweise spät auf den Plan. Fast neunzig Jahre hatte sie sich überwiegend dem Bau von Dampflokomotiven, Dampfmaschinen und -kesseln gewidmet. Nur wenige Jahre, 1879 bis 1883 und 1905 bis 1911, gehörten Gasmotoren bzw. Dampflastkraftwagen zu ihrem Programm. Kurz vor Beginn des Ersten Weltkriegs wandte sich die *Hanomag* erneut dem Bau von Verbrennungsmotoren zu, die ab 1912 zum Antrieb von Tragpflügen Verwendung fanden. Ab 1914 kamen *„Lloyd-Schiffsmotoren"* hinzu, die mit Leistungen von 8 bis 120 PS samt Wendegetriebe geliefert wurden.

Für die Motoren- und Getriebefertigung wurde ein eigener, zwischen 1915 und 1917 bezogener Gebäudekomplex, die Halle 9, am Deisterplatz errichtet, der etwa 200 Werkzeugmaschinen zur spanabhebenden Bearbeitung nahezu sämtlicher Motorenteile Platz bot. Zur Ausdehnung der Kapazität wurde noch 1917 vor der Stirnseite der Motorenbauhalle die mehrstöckige Räder- und Schraubenwerkstatt, die spätere Halle 96, gesetzt, die weitere 200 Werkzeugmaschinen, vor

42 Das Baugrundstück an der Hamelner Straße

43 Fundamente des wachsenden Automobilbaus

44 Die beiden heute verbundenen Gebäude sind im Rohbau fertiggestellt

45 Bearbeitung der gusseisernen Zylinderrohlinge auf der Revolverdrehbank im Motorenbau

46 Fließmontage der Motoren auf Wandertischen, Galerie der Halle 9

47 Schubweise Reihenmontage von Motoren (rechts) und Getrieben (links) in Einzelserien an stationären Montagetischen oder auf Montageböcken (ganz rechts)

der Produktion eine seit Monaten andauernde Beschäftigungskrise entschärfen.

Wegbereiter industrieller Fertigung waren zur damaligen Zeit die *Ford*-Werke in Detroit mit einer Tageskapazität von 4.000 Autos, doch bedurfte es in Hannover-Linden erst noch konstruktiver wie fertigungstechnischer Neuerungen, um

allem Zahnstoßmaschinen und Maschinen zum Schleifen der gehärteten Zahnflanken, aufnahm. Hinzu kamen im zweiten Obergeschoss die Fertigung von Zahnrädern und Montage für Getriebe.

Die *Hanomag* fand sich somit vorbereitet, als ihr Fidelis Böhler und Carl Pollich 1924 mit zwei Prototypen und erläuternden Konstruktionsunterlagen die Aufwartung machten. Die Konstrukteure fanden einen Partner, der die nötigen Voraussetzungen zu bieten schien, ihr Kleinauto in vergleichsweise hoher Stückzahl zu fertigen und darüber hinaus auch zügig zu verkaufen. Neben einem funktionierenden Händlernetz bot die *Hanomag* auch den damit verbundenen Kundendienst und konnte ihrerseits mit Aufnahme

48 Über eine Stauförderanlage wurden jeweils vier komplette Räder dem Fließband zugeführt, die Kühler mittels Schlauch befüllt

49 Die bereits mit Rädern versehenen Fahrgestelle wandern weiter...

50 ... zum Rollenprüfstand, bevor sie erstmals den Boden berühren

diesem Vorbild auch nur näher zu kommen. Mit der Installation von Fördermitteln für die fließende Fertigung folgte die *Hanomag* zusammen mit den *Brandenburgischen Brennabor-Werken* in Deutschland 1925 als erste dem Vorbild der *Opel*-Werke vor allen übrigen Automobilherstellern.

Eine schlagartige Steigerung der Produktion des 2/10 gelang zwar nicht gleich, aber die *Hanomag* steigerte sie von lediglich 800 Exemplaren im Jahre 1925 auf etwa 2.000 im darauf folgenden und schließlich 7.500 im vorletzten Jahr der Produktion des „kleinen Hanomag“. Damit war es dem Lindener Unternehmen gelungen, im Hinblick auf die Zahl der hergestellten Fahrzeuge den fünften Platz einzunehmen und damit unmittelbar auf die Frankfurter *Adler-Werke* sowie *Daimler-Benz* zu folgen. Bezüglich ihrer Produktivität war die *Hanomag* sogar auf den dritten Rang vorgerückt und hatte mit fünf Wagen, die statistisch jeder Beschäftigte herstellte, nur noch *NSU* und *Opel* vor sich, die in jeder Hinsicht mit 8,3 Wagen die Spitze bildeten.

Angesichts der gegenüber dem Bau von Lokomotiven und Schleppern höheren Stückzahl der Fer-

Rᴼ 78

51 Während die Lackierer die Heckpartien bereits grundieren, ...

52 ... werden die Kotflügel gerade erst gestanzt

53 Fließfertigung der Karosserie auf schienengebundenen Rollschleppern mit stetiger Zuführung von Seitenteilen

54 Elektrisches Punktschweißen der Hinterwagenkarosserie

tigungslose war der Werkzeugmaschinenpark für den Bau des „kleinen Hanomag" beträchtlich zu erweitern, nämlich binnen kurzem auf das mehr als Fünffache, was nicht nur erhebliche Geldmittel beanspruchte, sondern auch die begründete Aussicht auf den entsprechenden Produktionsumfang voraussetzte, um sie zu rechtfertigen. Wenigstens innerhalb der Werkstattgebäude musste nun von dem bis dahin praktizierten in-

55 Aufsetzen der Karosserie mittels Kettenzug

56 In der Sattlerei werden die Verdeckstoffe zugeschnitten und aufgebracht

57 Reihenweise Polsterung und Auskleidung der Karosserien

nerbetrieblichen Transport mittels Handkarren bzw. Sammelkästen abgerückt werden.

Dies galt gleichermaßen für die Werkstätten des Motoren- und Getriebebaus am Deisterplatz wie für den Fahrgestellbau, der inzwischen in den ursprünglich für den Pflugbau errichteten, gut 500 Meter entfernten Stahlbetonskelettbauten (Halle 32) an der Hamelner Straße, der heutigen Hanomagstraße, untergebracht war. Auf etwa halbem Wege lagen inmitten des vom Dampflokomotivenbau dominierten Werksgeländes die Eisengießerei und die Gesenkschmiede, die für den „kleinen Hanomag" Zylinder, Motorengehäuse und Schwungscheibe sowie die Zahnradrohlinge, die Pressteile seines Stahlrahmens, Federn und Achsen, aber nicht zuletzt auch seine Karosserie lieferten.

Zwischen ihnen zu vermitteln sollte die Domäne des Handwagens bleiben. Nur innerhalb der Werkstätten sorgten seit 1925 zunehmend Fördermittel dafür, dass die vielen Stapel von Stirnrädern und Wellen, Motorengehäusen und Laufbuchsen, von Sammelkästen für Kolben und Pleuel sowie die Gestelle für die Kurbelwellen verschwanden. Statt die Stirnräder nach der Bearbeitung auf einer der Abwälzstoßmaschinen zu den übrigen auf die neben ihr am Boden liegende

58 Rutschen zur Verstetigung der Montage kompletter Hinterachsen

59 In der Qualitätskontrolle wird die Passgenauigkeit geprüft

60 Zwischenlager mit einer guten Tagesproduktion versandfertiger Wagen

Palette zu befördern, hob sie der betreffende Arbeiter nun auf einen Plattenförderer, der sie, über eine Kette stetig fortbewegt, zu seinem Kollegen an der Zahnflankenschleifmaschine trug.

Auf Wandertischen zogen jetzt auch die Motorengehäuse an den Montagestationen vorbei. Der fließende Zusammenbau war an die Stelle der Platzarbeit getreten. Nachträgliche Passarbeiten konnten weitgehend entfallen. Und an die Stelle des Schraubers mit Handkurbel musste nun der elektrisch oder pneumatisch angetriebene Schrauber treten, sollte das durch die Fördermittel angegebene Tempo gehalten werden.

Noch allerdings vereinte das „gleitende Band“ keineswegs durchgängig alle Etappen der Montage von Fahrgestell und anderen Baugruppen bis zum vollständigen Fahrzeug. Vielmehr blieb es oft genug auf weiten Strecken durch Handarbeit unterbrochen, vor allem in der Sattlerei und Polsterei.

Die Rohkarosserie allerdings, die Fidelis Böhler und Carl Pollich für den „kleinen Hanomag“ entworfen hatten, kam dem Bestreben, die Montage am ununterbrochenen Band vornehmen zu lassen, besonders entgegen. Ihre Pontonform war nicht nur ästhetisch eine zukunftsträchtige Neuerung. Sie besaß ebenso in fertigungs- und montagetechnischer Hinsicht Vorzüge, die sie gegenüber allen heimischen Konkurrenten und selbst gegenüber dem ab 1928 folgenden Modell der *Hanomag* als ausgesprochen modern erscheinen ließ.

Michael Mende

Was ist aus den Produktionsstätten geworden?

Während im einstigen „Automobilbau" heute noch Komponenten für Radlader von Komatsu gefertigt werden und das über hundertjährige Gebäude an der Hamelner Straße noch gern als Foto-Kulisse genutzt wird, wurde der 1912 errichtete, zweigeschossige Motorenbau I, lange Zeit als Industriemuseum angedacht und unter Denkmalschutz stehend, zur Jahrhundertwende abgebrochen und durch moderne Bürogebäude ersetzt.

Sozusagen in der 2. Reihe stehend, wurde davor 1917 der noch heute am Deisterplatz stehende Motorenbau II errichtet, der immer wieder gern als Fotomotiv dient. Wie mühsam der werksinterne Materialtransport allein dieser Fahrzeugkomponenten gewesen sein dürfte, veranschaulicht eine Werksskizze von 1924.

Noch heute gibt es in Niedersachsen und Bremen eine große Anzahl bedeutender Denkmale der Industrie und Technik. 1989 erschien dazu bei Nicolai eine umfassende Dokumentation von Manfred Hamm (Fotos) und Michael Mende

61 Der ursprünglich aus zwei Gebäudekomplexen bestehende Automobilbau wurde nach dem Zweite Weltkrieg durch einen Mittelbau verbunden

62 Gern als Fotomotiv genutzt – der ehem. Automobilbau der Hanomag, heute Komatsu

63 Werksskizze von 1924

Motorenbau I und Montage des Kommißbrotes geben die Entfernungen für den internen Werksverkehr exemplarisch wieder.

64 Motorenbau I, 1911/12 am Deisterplatz errichtet, wo auf der umlaufenden Galerie Motoren und Getriebe für die Kommißbrote montiert wurden

(Texte), herausgegeben von Axel Föhl. Der Förderverein HANOMAG-Stiftung e.V. hat sich zum Ziel gesetzt, diese Dokumentation 2026/27 gemeinsam mit dem 2024 gegründeten AK Industriemuseen im Museumsverband für Niedersachsen und Bremen zu aktualisieren und in einer 2. Auflage zu publizieren.

Gebäude, die häufig bereits kurz nach ihrer Errichtung zu Berühmtheit gelangten, zeichnen dieses Werk aus. Bedeutende Architekten wie Walter Gropius, Adolf Meyer und Alfred Sasse haben hier ihre Spuren hinterlassen, die bis heute nachwirken. Die Geschichte der Industrialisierung vom 18. Jahrhundert bis in die 1950er Jahre wird durch ihre Denkmale dokumentiert, die zumindest in Teilen bis heute erhalten geblieben sind und verschiedensten Nachnutzungen zugeführt wurden.

Horst-Dieter Görg

65 Blick in den teilsanierten Motorenbau I, die spätere Halle 9, kurz vor dem Abbruch

66 Ehemalige Räder- und Schraubenwerkstatt, Alfred Sasse, 1916/17 vor dem Motorenbau I am Deisterplatz errichtet

Eine Vorfrühlingsfahrt im Hanomag-Kleinauto

Eigentlich sollte es eine Winterfahrt werden, und wir sprachen schon wochenlang vorher von Schneeketten, von „offenen“ Straßen, die der Schneepflug passierbar machte, und von solchen, auf denen wir selbst eine Spur ziehen müssten, wir suchten dicke wollene Strümpfe zusammen, legten Kamelhaardecken zurecht, kauften Frostschutzmittel für das Kühlwasser, und mein Fahrtgenosse hatte sich sogar von einem befreundeten Fahrer einen dicken, schweren Schafspelz ausgeborgt. Aber der Mensch dachte und Petrus lachte. Wir suchten den Winter und sind mitten in den werdenden Frühling hinein gefahren. Äußeren Anlass gab die „Winterfahrt Garmisch-Partenkirchen“, die zum dritten Mal in und bei Garmisch ausgetragen werden sollte. Das Programm lautete: Start Hannover Mittwochfrüh, Ankunft Garmisch Donnerstagnachmittag, Freitag – Sonnabend – Sonntag Beteiligung an der Winterfahrt Garmisch, Montag – Dienstag Rückfahrt Garmisch-Hannover.

Also ziehe ich Mittwochfrüh programmmäßig den Wagen heraus, der Koffer ist schon aufgeschnallt. Reservestücke, ein Luftschlauch, einige

67 Rast im Werratal. Im Hintergrund Burg Hanstein

68 Ein späterer Abstecher in den Harz, Cabrio und Limousine beim Berganstieg

69 Auf dem Weg zum Brockengipfel

70 Auf dem zugefrorenen Rießersee mit Udet-Sportflugzeug

71 Bei einer Ortsdurchfahrt in Thüringen auf dem Weg nach Meinigen

72 Bei der Winterfahrt auf dem Eibsee, dazu die Teilnahmeplakette von 1927

Zündkerzen, ein Reserveventil, etliche Schrauben und Muttern usw. sind verstaut, das Werkzeug ebenfalls: Es kann losgehen. Am Ratsweinkeller muss ich meinen Begleiter in Empfang nehmen. Er hat, um die Zeit nicht zu verschlafen, eine Freundesgeburtstagsfeier bis zum Morgen ausgedehnt und steht schon, seinen Koffer neben sich, frierend an der Straßenecke.

Als es dämmert, sind wir weit fort von Hannover. Seit drei Stunden höre ich nun schon das gleichmäßige Tack-tack-tack hinter mir. Über Elze – Alfeld – Einbeck – Salzderhelden – Northeim – Göttingen und Eichenberg kamen wir nach Witzenhausen, und vor uns leuchtete im ersten Frührot das Wasser der Werra. Es ist ein wundervolles Bild, das sich auf der Fahrt am Werra-Ufer entlang zwischen Witzenhausen und Bad Sooden-Allendorf zeigt.

Wenige Minuten vollster Kraftentfaltung der Maschine, eine scharfe Kurve am Abhang, ein Stück enge Fahrbahn am Bergabsturz – das alles auf einem grasbewachsenen Fußsteig – und wir halten in respektvoller Entfernung vorm Tor der Burg Ludwigstein, der größten und schönsten Jugendherberge Deutschlands, dem Heiligtum der wandernden deutschen Jugend. Auch wir Motorwanderer rechnen uns zu dieser wandernden Jugend, und wir würden, schilderten wir Zweck und Wesen unserer Vorfrühlingswanderfahrt, auf gastfreie Aufnahme rechnen können. Es geht weiter Werra-aufwärts – über Niederhone, Eschwege, Treffurt – der Wartburgstadt Eisenach entgegen.

WINTERFAHRT
GARMISCH-
PARTENKIRCHEN
1927
A C
76

73 In den Gassen störten noch keine Ampeln

74 Ortsdurchfahrten waren in den 1920-er Jahren meist noch unbefestigt

Die Hohe Sonne und Schloss Wilhelmstal fliegen vorüber, Barchfeld wird passiert und Wasungen mit den Resten der im Bauernkrieg zerstörten Burg Maienluft, früher Sitz des mächtigen Geschlechts der Henneberger Grafen, und dann, ja, dann – geht uns plötzlich die Puste aus, mir fällt ein, dass ich gestern vergessen habe zu tanken, und es kommt uns jetzt erst zum Bewusstsein, dass wir schon sieben Stunden unterwegs sind, und dass wir bald das dritte Hundert Kilometer hinter uns haben, ohne den Motor abzustellen.

Fünf kleine Fläschchen Benzin-Fleckenwasser aus einem Krämerladen helfen uns nach Themar, einem alten meiningischen Städtchen. Dort treffen wir noch einen Hanomag-Wagen aus Hannover, sogar eine Limousine, die eine halbe Stunde früher als wir aus Hannover losgefahren ist und ebenfalls nach Garmisch rollen will. Ab Themar reisten wir, als der Tank gefüllt war, zusammen. Wir sahen gemeinsam Coburg und Lichtenfels und den Staffelstein, fuhren ohne langen Aufenthalt weiter nach Erlangen und waren, als die Sonne am Horizont verschwand, in Nürnberg. Rund 500 Kilometer Fahrt lagen hinter uns. Die Maschinen und wir hatten Ruhe verdient.

Früh am nächsten Morgen aus den Federn! Im Dunkeln geht es in den Fränkischen Jura. Erst 20 Kilometer hinter Nürnberg werden die Schein-

werfer überflüssig. Schwabach, Hoth, Ellingen, Weißenburg, wie heißen all die Kleinodien mittelalterlichen Städtebaus! Wir reisen wie zu Großvaters Zeiten: zu dem einen Stadttor hinein, zu dem anderen wieder heraus.

Es ist fast Mittag, als wir Eichstädt verlassen. Nach wenigen Kilometern nähern wir uns Ingolstadt und dann weiter nach München. Mittagsrast und Kaffeepause werden miteinander verbunden. Gegen vier Uhr nachmittags weiter nach Süden durch den Forstenrieder Park gen Mittenwald. Die Sonne neigt sich dem Untergang zu, als wir hinter Benediktbeuren den ersten Blick auf den südlichen Gebirgshintergrund genießen. Wir verweilen nicht lange. Vollgas auf Kochel, hindurch, am Kochelsee vorüber!

Rasch ist der Pass überwunden, die Anlagen des Walchenseekraftwerks liegen hinter uns, und wir fahren am tiefblauen Walchensee entlang, der jetzt in der Dämmerung, wo winterliche Nebelschwaden über ihn dahin ziehen, einen fast unheimlichen Eindruck macht. Als die ersten Straßenlaternen aufleuchten, sind wir am Ziel in Garmisch, umringt von Einheimischen und Sportsleuten, die uns

75 Bei der Winterfahrt waren manche Steigungen und Gefälle zu überwinden

76 Auf dem Heimweg kurz vor den Toren der Stadt Rothenburg ob der Tauber

77 Rast am Rothenburger Stadttor

erst, als sie die fingerdicke Dreckkruste auf den Wagen untersucht haben, glauben, dass wir in zwei Tagen über winterlich verschlammte Straßen von Hannover nach Garmisch-Partenkirchen gefahren sind. Kein anderes Teilnehmerfahrzeug hat sich an eine solche Anfahrtsstrecke gewagt. Und die Tage in Garmisch? Das ist ein Kapitel für sich ...

Wilhelm Hoepfner

Der „kleine Hanomag“ im Rennsport

Das *Hanomag* Kommißbrot war, wie schon an anderer Stelle geschildert, aufgrund seiner Robustheit für Zuverlässigkeitsfahrten, die in den Zwanziger Jahren des vorigen Jahrhunderts ausgetragen wurden, gut geeignet. In seiner Leistungsklasse unter 1.000 ccm war es weniger die Frage, ob das Auto gewinnen würde, sondern allenfalls, welcher Fahrer.

Die erfolgreichste Rennsportlerin auf *Hanomag* war in den 1920-er Jahren Liliane Roehrs aus Hannover. Die in Paris 1900 als Tochter einer deutschen Hoteliersfamilie geborene Liliane heiratete den *Hanomag*-Vertreter Bobby Roehrs und fand gleich Spaß an Einsätzen mit dem Kommißbrot in einer absoluten Männerdomäne. Den Respekt ihrer Kollegen gewann sie sich relativ schnell, da Roehrs kein Weg zu weit und kein Rennen zu anstrengend war – ob beim Klausenpass, der Harzfahrt oder in den Mittelgebirgen, Liliane Roehrs war immer auf vorderen Plätzen mit dabei.

Im Rahmen des *Deutschen Damen Automobil-Clubs (DDAC)*, dem Liliane Roehrs als Gründungsmitglied und später als Präsidentin angehörte, organisierte die umtriebige Frau mit sieben anderen jungen Frauen auf acht verschiedenfarbigen *Hanomag* 3/16 eine Quadrille, die auf Veranstaltungen in Pyrmont und Baden-Baden vorgeführt wurde. Auch hier mit dem Kommißbrot-Nachfolger war der Erfolg groß.

78 Über Kopfsteinpflaster dem Ziel und Sieg entgegen: Buthenuth im Korbrennwagen

79 Aus aerodynamischen Erwägungen hatten auch die Korbrennwagen schon Radblenden aus Aluminium

80 Ein leichter Aufbau entsteht beim hannoverschen Korbmacher Mohrhoff

Die Geburt der
Korb-Karos-
serie

81 Kappler mit einem „Körbchen" im Einsatz

82 Am Start zu einer Sonderprüfung mit Teilnehmermedaille „Bad Pyrmont"

83 Beim Nürburgring-Eröffnungsrennen am 19. Juni 1927 standen die drei Hanomag von Butenuth, Hoepfner und Wery in der ersten Reihe, Butenuth fuhr trotz Sturz Klassensieg

Hellmuth Butenuth, Jahrgang 1898 aus Dortmund, hatte bereits in Hannover studiert und eine kleine Automobilfirma gegründet, als er mit seinen Konstruktionen 1922/23 von der Hanomag engagiert wurde. Von 1925 bis 1928 war er, meist gemeinsam mit dem Journalisten Wilhelm Hoepfner, bei vielen Bergrennen, internationalen Alpenfahrten und Langstreckenwettbewerben für die *Hanomag* unterwegs. Unvergessen sind sein Bergrekord auf der Schauinsland-Strecke bei Freiburg 1926 und der Klassensieg beim Nürburgring-Eröffnungsrennen 1927.

Der für damalige Verhältnisse riesenhafte Erfolg des „kleinen Hanomag" brachte schnell alle Zweifler zum Verstummen, und auch die Verkaufszahlen konnten sich fortan sehen lassen. Hier war die Wirkung vom Sport auf die Serie noch nachvollziehbar.

Butenuth stieg zum Leiter der Versuchsabteilung für den Automobil- und Traktorenbau auf und zeichnete damit auch für die Rad- und Kettenschlepperentwicklung verantwortlich, die mit der Mechanisierung der Landwirtschaft in Deutschland einherging und den Dieselmotor salonfähig werden ließ.

Unter seiner Federführung wurde nicht nur der Kommißbrot-Nachfolger *3/16* gebaut, sondern auch die Vier- und Sechszylinder-Modelle *Kurier*, *Garant*, *Rekord* und *Sturm* zur Serienreife gebracht. Die *Hanomag* konnte sich nach und nach bis zum Zweiten Weltkrieg als Automobilbauer etablieren.

3
2
62

84 Liliane Roehrs, die Frau von Bobby Roehrs aus Hannover, war eine recht aktive Rennfahrerin

85 Wilhelm Hoepfner verband Beruf und Leidenschaft – er schrieb zahlreiche Artikel über die Renneinsätze

86 Butenuth am Start mit einer weiteren Sonderkonstruktion, die – mal mit, mal ohne Kotflügel – ...

87 ... 1927 auch auf der Berliner Avus eingesetzt wurde

Wilhelm Hoepfner gehörte stets auch mit zur *Hanomag*-Mannschaft, wenn es in der Blütezeit des Kommißbrotes fast jedes Wochenende auf Tour ging. Der humorvolle Hoepfner war bei Freunden und Kollegen für seine Späße beliebt. Die Kamera unter dem Arm, bannte er Erinnerungen von vielen Veranstaltungen für *Hanomag* und die Leser zahlreicher Zeitschriften und

46
IS-34051

88 Klassensieg auch bei der Reichs- und Alpenfahrt 1925

89 Erinnerungsmedaille an den Bergrekord, 1926

90 Carl Haeberle, Sportleiter der Hanomag, zeichnete für so manchen Erfolg verantwortlich, hier mit Walter Glöckler, 1939

91 Vor dem Start (v.l.n.r.) Hellmuth Butenuth, Liliane Roehrs, Kappler (sitzend) und Kollegen

erhielt so bis heute wertvolle zeitgeschichtliche Eindrücke.

Auch mit dem 3/16, dem Nachfolger des Kommißbrotes, war Hoepfner, jetzt häufig gemeinsam mit dem Hamburger Hanomag-Vertreter Leopold von Raffay, in den Alpen bis nach Monte Carlo oder auf dem Balkan unterwegs.

Trotz aller Erfolge waren die Techniker der *Hanomag* natürlich bestrebt, die Leistung des Wagens zu steigern. Bei einem Wagengewicht des Cabriolets von 370 kg war die ca. 150 kg schwere Karosserie ein erster Ansatzpunkt. Über eingesetzte Kompressoren ist leider heute nichts mehr bekannt. Ein erster Ansatz war, das stabile Fahrgestell einfach mit einem Korbgeflecht zu überziehen. Die hannoversche *Korbflechterei Hermann Mohrhoff* stellte sich dieser Aufgabe und fertigte einen über 100 kg leichteren Aufbau.

126

Wie in den 1990-er Jahren mit einem rekonstruierten Hanomag Zeppelin nachgewiesen, ermöglichte eine derartige „Erleichterung“ dem Gefährt bei serienmäßigem Motor auf gerader Strecke statt 60 km/h eine Geschwindigkeit von knapp 90 km/h.

Naheliegend, dass die Tüftler um Butenuth hier alle Möglichkeiten aus dem Fahrzeug „herauskitzelten“. So wurde für das Nürburgring-Eröffnungsrennen

92 Der „Zeppelin“ war eine besonders leichte Karosserie-Variante – Holzgestell lediglich mit Segeltuch bespannt

93 Der Hainberg bei Göttingen war bis in die 1960-er Jahre Schauplatz mancher Bergprüfung

am 19. Juni 1927 völlig auf eine Karosserie verzichtet. Lediglich der Tank war über ein Holzgestell mit der Rückenlehne des Fahrersitzes verbunden und vorne schützte eine kleine Lederbespannung den Fahrer notdürftig vor dem Wind. Die Fahrer Butenuth, Hoepfener und Wery sicherten sich in ihrer Klasse die ersten drei Startplätze. Butenuth gewann sogar trotz eines heftigen Sturzes, der das Fahrzeug unversehrt ließ, mit einer Durchschnittsgeschwindigkeit von über 60 km/h.

94 In Anlehnung an die Aerodynamik entstand diese Spitzheck-Version

95 Diverse Teilnehmerplaketten aus dem Nachlass von H. Höpfner, erworben von seinem Vater 1924–1929

MOTORRAD-CLUB NIEDERSACHSEN
ORTSGRUPPEN-BESUCHSFAHRT
ADAC
GAU VI
JAHRESWERTUNG
BEZ. PLAUEN-VOGTL.
19 28
SÜDDEUTSCHE TOURENFAHRT
1926
AUTOMOBIL AUSSTELLUNG
KÖLN MAI 1927
K A C
GÖTTINGER-AUTOMOBIL-CLUB
A·D·A·C ZIELFAHRT
HANNOVER
A·D·A·C
KILOMETERREKORD
A·D·A·C
BERGREKORD
SCHWARZWALD
1926
ADAC
WINTERFAHRT
GARMISCH
PARTENKIRCHEN

Zahlreiche Erinnerungen – insbesondere Plaketten und Pokale – zeugen von den Einsätzen der *Hanomag*-Werksfahrer in dieser frühen Zeit des Automobilsports auf meist noch unbefestigten Wegen. Allein 100 Ehrenpreise und Auszeichnungen waren die Ausbeute von Helmuth Butenuth von Monte-Carlo-, Marokko- und zuletzt schon auf die Wehrmacht zugeschnittenen Gelände-Fahrten.

Was ist geblieben?

Mangels Karosserie oder auch nur aus Interesse an der Sache sind in den letzten Jahrzehnten immer wieder Nachbauten oder Rekonstruktionen einzelner Renn-Karossen entstanden. Eine der gelungensten dürfte Maciek Peda aus Gostyn in Polen gehören. Beruflich – gemeinsam mit seinem Vater Jan – seit über 20 Jahren auf die Rekonstruktion bzw. auch den kompletten Nachbau historischer Traktoren spezialisiert und überregional bekannt, haben beide eine ansehnliche, kleine Oldtimer-Sammlung zusammengetragen, zu der auch etliche Exoten gehören – wie auch der 2003 entstandene Korb-Rennwagen.

Die Technik wurde aus einem Cabrio in Gostyn aufgebaut, bei der alten Karosserie half ein *Hanomag*-Freund in Dänemark weiter und den Aufbau fertigte ein versierter Korbmacher aus dem nahegelegenen Odolanow, der sich sonst professionell mit der Herstellung von allerlei Figuren aus Korb beschäftigt. Das in nur wenigen Monaten entstandene Fahrzeug wurde schon auf verschiedensten Oldtimer-Veranstaltungen in Polen eingesetzt und kam anlässlich der Kommißbrot-Ausstellung im August 2018 erstmals „zurück“ an seinen eigentlichen „Geburtsort“ Hannover.

Es sprach sehr für den Eigentümer, dass er das gute Stück bereitwillig hergab. Allerdings war damit auch eine „Dreingabe“ verbunden: Der Korbwagen hatte nur einen Tacho vom Klein-Lkw bis maximal 30 km/h. Auch wenn der „Renn-Semmel“ deutlich schneller als die Serie ist, zumindest hat der Wagen jetzt einen Original-Tacho, den die Hanomag-Freunde Maciek gern bei der Abholung in Gostyn übergaben!

Horst-Dieter Görg

96 Maciek Peda bei seinem ersten Einsatz mit Korb-Karosse 2003 in Wroclaw

97 Der Korbaufbau wird in Odolanow geflochten

98 Montage der fertigen Korb-Karosse auf dem Rahmen

99 Maciel Peda gab sein Auto 2018 gern leihweise in die Ausstellung

100 Ein Schwachpunkt der Kommißbrote ist häufig das Getriebe – da sind dann Ersatzteile gefragt …

101 „Rahmenauflage" nach erfolgter gründlicher Rostentfernung und Grundierung

Rekonstruktion und Aufarbeitung

Um die Historie der Hanomag kümmert sich seit 1984 die Hanomag IG, seit 1985 als eingetragener, heute gemeinnützig Verein, mit überregional mehr als 250 Mitgliedern und etwa 800 Fahrzeugen aller Produktionszweige – Land- und Baumaschinen, Personen- und Lastkraftwagen sowie Dampflokomotiven.

Es sind heute noch ca. 400 Kommißbrote bekannt, auch in Übersee. Das Fahrzeug wurde als Cabrio, Roadster und Limousine gebaut, es gab ebenso eine Hardtop-Version, verschiedene Werkstattwagen und für Berlin eine Landauer-Kleinserie als Taxi – mit Trennwand in der Mitte und ausnahmsweise zwei Türen. Auch für einen Klein-Lkw diente die Kommißbrot-Technik als Basis.

Nachdem 2018 noch leihweise ein Korb-Renner aus Polen geholt werden musste, war der Weg dieses Mal nicht ganz so weit – bei den Hanomag-Freunden in Bockenem-Störy bei Hildesheim ist 2022/23 aus Altteilen ein *„Renn-Semmel"* von

102 Ein historischer Mittelscheinwerfer wieder in Funktion bringt die Schrauber-Crew in Stimmung

103 Die überholte Technik und der konservierte Korb bereit für die „Hochzeit"

104 So ein Korbwagen erfreut Jung und Alt gleicherma-ßen …

105 Abnahme des (fast) fertigen Wagens durch ein stolzes Schrauber-Team, bereit für die Hauptuntersuchung

1927 rekonstruiert und wieder fahrbereit gemacht worden, Hauptuntersuchung und Zulassung zum Straßenverkehr eingeschlossen.

106 Beim „Nürburgring-Renner“ waren fast alle Räder platt, da halfen zunächst neue Schläuche mit Ventilverlängerungen, …

107 … deren Montage aufgrund der Wulstreifen echte Knochenarbeit ist, die letztendlich aber gelang

Um auch das Bild vom Nürburgring-Eröffnungsrennen einige Seiten weitern vorne in diesem Buch dreidimensional erlebbar zu machen, waren die Ausstellungsmacher froh über einen seinerzeit extra dafür konzipierten „Renn-Semmel“ ohne Karosserie, der aus Gewichtsgründen nur mit Stoff oder Kunstleder bespannt war. Nach einen Pflegemaßnahmen war dieses Fahrzeug wieder ausstellungsfähig.

Horst-Dieter Görg

Persönliche Erinnerungen, Anekdoten und Geschichten

Durch das Hildesheimer Land über den Roten Berg…

Fährt man heute mit dem Kommißbrot durch die Welt, hat man das Interesse der Öffentlichkeit sofort für sich geweckt. Dass der Wagen in seiner Zeit aber tatsächlich als Alltagsprodukt galt, zeigen die sehr anschaulichen Geschichten von Hanni Jacobi.

Unter dem Titel *Eine Dienstreise im Hanomag-Wagen* erschien im August / September 1926 in den *Hanomag-Nachrichten* ein Bericht von Hanni Jacobi aus Hildesheim. Sie hatte ihren Mann, den Gewerberat Adolf Jacobi, auf einer Tagesreise und ein Jahr später zur „Familienreise in den Harz“ begleitet. Noch Jahre später lobte die Mutter von vier Kindern gegenüber ihren Töchtern das stattliche Honorar von 15 Reichsmark.

Ihre Tochter Freya lieferte nach knapp 80 Jahren die Fotos und Detail-Informationen. Die beiden ursprünglichen Berichte sind in den *Hanomag Nachrichten* der jeweiligen Jahrgänge abgedruckt. Autofahren galt noch als große Besonderheit. Reiseberichte wie die von Hanni Jacobi blieben nicht ohne Wirkung auf mögliche Käufer, die für den „kleinen Hanomag“ begeistert werden sollten.

108 Das Kommißbrot der Familie Jacobi war die Attraktion der Dorfkinder

109 Hanni Jacobi betätigte sich nach einer Fahrt durch das Hildesheimer Land auch als Autorin für die Hanomag

110 Adolf Jacobi, der diesen Boots-Anhänger für Fahrten in die Heide konstruierte, war 1927 Mitbegründer des Hildesheimer Ruderclubs

111 Liliane Roehrs war nicht nur Rennfahrerin, ...

112 ... sondern auch Gründungsvorsitzende des DDAC (Deutscher Damen-Automobil-Club)

113 Die Damen der Quadrille bei der Besichtigung des Autobaus der Hanomag – im Mittelpunkt stand der Kommißbrot-Nachfolger 3/16

114 Seiner Historie ist der DDAC bis heute verbunden (Plakette von 2007)

Liliane Roehrs und der DDAC

Liliane Roehrs war nicht nur eine risikofreudige und erfolgreiche Rennsportlerin in den Zwanziger Jahren des letzten Jahrhunderts, sondern auch eine engagierte Repräsentantin des 1926 in Berlin gegründeten *Deutschen Damen Automobil-Clubs (DDAC)*. Mit ihr als Motor war diese Vereinigung in und um Hannover aktiv. Zu den aktiven Mitgliedern gehörten aus Hannover Frau Dr. Meyring, Frau Bode, Frau Koopmann, Frau Vacano, Frau Sponholtz, Frau Beindorf und Frau Voss, alle mit Liliane Roehrs abgebildet auf dem Foto rechts beim Besuch der *Hanomag*.

Die engagierte *Hanomag*-Fahrerin wurde 1936, da politisch unverdächtig, Präsidentin des *DDAC*, damals *DDC*. Durch den Zweiten Weltkrieg kam das Clubleben zum Erliegen, aber 1949 konnte der Verein in Hannover neu gegründet und in das Vereinsregister eingetragen werden. Als kooperatives Mitglied im AvD zählt er heute 400 Mitglieder. Bis 1973 blieb Liliane Roehrs, die 1975 verstarb, Präsidentin. Pokale und Silberpreise ihrer langen Karriere gingen in den Besitz des *DDAC* über.

Landesclub Niedersachsen
49. Deutsche Damen-Rallye 10 bis 13. Mai 2007

Werksbesichtigungen und Fahrer-Treffen

Bereits in den 1920-er Jahren war es nicht unüblich, die Geburtsstätte seines Automobils zu besichtigen. Auch bei der *Hanomag* waren Fahrer, Interessenten und mögliche Neukunden willkommen. Gern gab man dort Einblick in die Fertigung, die zur damaligen Zeit immerhin zu den modernsten in Europa zählte.

Auch war der Prozess der Auto-Entstehung damals eine recht nachvollziehbare und interessante Angelegenheit. Wenn die Besucher dann noch einen Blick in die Fahrbereitschaft werfen konnten, wo zu der Zeit die Fahrzeuge für die Renneinsätze vorbereitet wurden, so war die Freude besonders groß.

Ebenso interessant für die Automobilisten war der Versand der Fahrzeuge in die „weite Welt". Am Bahnhof Fischerhof konnten sie erleben, wie vielleicht auch ihr Kommißbrot verlanden wurde und auf die Reise zu seinem Besitzer ging.

Da der Umgang mit einem Automobil noch etwas Besonderes war, traf man sich gern an verschiedenen Orten unter Fahrern, um unter Gleichgesinnten Erfahrungen auszutauschen und zu fachsimpeln.

115 Autos zu haben und auch zu fahren war in den frühen 1920-er Jahren noch eine Besonderheit

116 Verladung von Kommißbroten auf die Eisenbahn am Bahnhof Fischerhof, 1926

117 Schlusspunkt einer Werksbesichtigung war der Besuch der Fahrbereitschaft, 1926

HANOMAG
HANNOVER
LINDEN

An diesem Standort mit Tradition war es für den Niederlassungsleiter Andreas Gugat eine Selbstverständlichkeit, ein für die USA bestimmtes Kommißbrot kurz vor der weiten Reise nochmals auf Herz und Nieren zu prüfen, eine kleine Probefahrt auf dem ehemaligen „*Hanomag*-Gelände" eingeschlossen.

118 Vermessen der Karosserie gehört bei der Abnahme ebenso zum Programm …

119 … wie eine Probefahrt des Sachverständigen

120 Die 2008 eingeweihte DEKRA-Niederlassung auf dem ehemaligen Hanomag-Gelände in Hannover-Linden

DEKRA auf dem HANOMAG-Gelände

Dort, wo sich in den 1920er und 1930er Jahren die Fahrbereitschaft der Hanomag – und später über Jahrzehnte das Schweißwerk – befand, errichtete die Sachverständigenorganisation DEKRA 2007 ihre neue hannoversche Niederlassung. Am 6. Oktober 2008 wurde das neue DEKRA-Haus in der Hanomagstraße 12 feierlich eröffnet.

DEKRA bietet an diesem Standort mittlerweile alle klassischen Prüfaufgaben an. Unter dem Motto „Bei uns weiß man Schätzchen zu schätzen" bietet der DEKRA Classic Service Kompetenz seit 1925 an. Dazu gehören neben der klassischen Hauptuntersuchung auch Änderungsabnahmen, Bewertung von Oldtimern / Youngtimern, Gutachten zum Wiederaufbauwert, Oldtimer / Youngtimer Schadensgutachten, Zustandsprüfung / Kaufberatung, Prüfung für H-Kennzeichen und Einzelbewertungserlaubnis. Zum festen Programm der DEKRA-Niederlassung Hannover gehört auch alle zwei Jahre ein Oldtimer-Tag.

DEKRA
DEKRA
CARGLASS

Siegfried Grösche, ein Alfelder „Faktotum“

Über Jahrzehnte, bis ins hohe Alter von 85 Jahren, war der Kfz-Meister Siegfried Grösche aus Alfeld an der Leine Kommißbrot-Fahrer. Autos gehörten schon früh zum Alltag der Familie, die auf dem Hinterhof eine kleine Werkstatt betrieb. Bereits mit 8 Jahren konnte Siegfried Vaters „rasenden Gartenstuhl“ anwerfen, für einen Linkshänder kein Problem.

Einige Jahre später bekam er sein eigenes *Hanomag*-Kleinauto, das er bis ins hohe Alter pflegte und auf zahlreichen Veranstaltungen einsetzte, so auch bei der Fahrt „Paris – Berlin – Auf den Spuren des Eisernen Gustav“ 1995. Stolz war er, dass sein Kommißbrot nicht ein einziges Mal komplett abgemeldet war und auch nie eine Werkstatt eines Restaurators von innen gesehen hat.

Grösche sagt von sich, dass er vom Kinderwagen ins Auto gefallen sei. Hörte man ihm zu, so glaubt man schnell, dass das geflügelte Wort vom „Benzin im Blut haben“ gar nicht so weit hergeholt ist.

Der Nachlass des Alfelder Kleinwagenfahrers wird heute von der Siegfried-Grösche-Stiftung

121 Startklar für den ersten Einsatz – Grösche Junior hat sich für 5.000 Reichsmark ein gebrauchtes Kommißbrot zugelegt

122 Die Familie Grösche auf dem Hof hinter der Werkstatt in Alfeld

bewahrt, die in Alfeld ansässig ist. Sein Kommißbrot wird dort betriebsbereit gehalten und auf ausgesuchten Veranstaltungen der Öffentlichkeit präsentiert.

Horst-Dieter Görg / Torsten Harmacher

123 Der rüstige Rentner Siegfried Grösche bei einer Geschwindigkeitsmessung in Einbeck

124 Kommißbrot erster Serie an einer zeitgenössischen Tanksäule

125 Auch andernorts ließen sich immer wieder stolze Kommißbrot-Besitzer wie dieser Vater mit seinen beiden Söhnen für das Familienalbum ablichten

Zu zweit in den September

Das Vehikel war bereits etwa drei Jahre alt, eines der ersten Modelle der Firma. Wir hatten es für 300,00 Reichsmark gekauft und sozusagen aus seinen Trümmern wiederaufgebaut. Viel Erfahrung im Autofahren hatten wir beide nicht, und gewarnt hat uns auch niemand, Gott sei Dank. So war der Entschluss gefasst.

Am 13. September 1928 bestiegen Freund Erich und ich in Halle an der Saale den Wagen und klappten die (einzige) Tür des Hanomag mit jenem Schwunge zu, mit dem „Weltreisende" ihre Wagentür zuzuklappen pflegen und rollten hinein in den September. Das Quirlen unter unseren Pneus klang so mondän, wie es bei einem Austro-Daimler oder einem Mercedes nicht schöner hätte klingen können. Bereits nach etwa 20 Kilometern fiel uns plötzlich auf, dass es nach Benzol roch und der Wagen nicht mehr richtig zog. Wir hielten an, sahen nach den Hebeln, drehten am Spätzünder, und ich roch sachverständig am Anlasser. Den Ursprung des Geruchs entdeckten wir jedoch nicht. Wir versuchten uns einzubilden, dass es nicht nach Benzol röche, aber in Schkeuditz puffte es sanft, und dann war's still.

Was sollte denn das heißen? Das Ende der Weltreise? Wir stiegen aus und schoben den Hanomag an den Straßenrand. Unser Blick fiel auf unseren Tank: Die Benzinröhre war gebrochen. Glücklicherweise befand sich gleich um die Ecke eine Kupferschmiede (Reparaturwerkstatt). Unser Aufenthalt dort dauerte zehn Minuten und kostete 50 Pfennig. Dann rollten wir wieder frohgemut in den goldblauen September. Plötzlich bemerkten wir, dass unser Tachometer verschwunden war. Das störte uns aber nicht sonderlich, und wir haben das Ding auch nie vermisst. Ob wir wirklich einmal die versprochenen 60 Stundenkilometer aus dem Auto herausholen würden, war zu dem Zeitpunkt noch ungewiss. Jedenfalls kann man am Hanomag gelegentlich wichtigere Teile vermissen, zum Beispiel den einzigen Zylinder. Doch davon später.

In Altenburg begann der Kühler leise zu lecken. Wir beurteilten das jedoch als nicht schlimm, denn Wasser bekommt man überall. Hinter Zwickau erlegten wir auf einer Dorfstraße ein Huhn. Dann passierten wir die tschechische Grenze und mussten uns plötzlich auf Linksverkehr einstellen, den es damals dort noch gab. In Karlsbad freuten wir uns auf die Oblaten und unser Kühler auf das berühmte Wasser. Es hat ihm sehr geholfen. Dann suchten wir ein Gasthaus auf.

126 Publikation von Hans Joachim Suchsland, erschienen bei Olms Presse, 2025

Allerdings hatten wir zu Anfang der Reise aus ökonomischen Gründen beschlossen, im Wald unter unserem Auto zu schlafen. Aber wo sollten wir in der Stadt gleich einen Wald herbekommen? Nicht hoch zu Ross, sondern tief zu Wagen schlängelten wir uns anderntags an der Eger entlang. Der große Koffer, hinten aufs Auto geschnallt, und unsere knallroten, hölzernen Speichen fielen mächtig auf. Die Autobrillen und die Umhängetaschen mit den Landkarten taten das Ihrige. Die Leute schienen sich über den Anblick zu freuen. Unsere Wagenform war in der Tschechoslowakei gänzlich unbekannt. Man schien hier zu glauben, wir hätten uns das Auto selbst gebaut, und das stimmte ja auch teilweise. Ärger machte uns immer der Selbstanlasser, weshalb wir oft den hinten im Auto befindlichen Motor mit der Leier anwarfen oder den Wagen einfach anschoben.

Über Saaz, wo wir einen Tag lang einen Corpsbruder von Erich auf seinem Landgut besucht hatten, erreichten wir gegen Abend Prag. Dort wollten wir wegen des ständigen Wasserverlusts unseres Hanomag eine Werkstatt aufsuchen. Sie war geschlossen. Also füllten wir wieder nur Wasser nach und besichtigten am nächsten Tag die Stadt, in der wir allerlei Abenteuerliches erlebten. Als wir sie verlassen wollten, musste ich mich wieder einmal im Schweiße meines An-

Der Kleine Hanomag

Erzeugnis der Hanomag

Hannoversche Maschinenbau-Actien-Gesellschaft vormals Georg Egestorff, (Hanomag) Hannover-Linden Gegr. 1835

Der Kleine Hanomag

als offener Wagen, mit Windschutzscheibe und Verdeck.
Der Wagen für den Sportsmann und den Berufstätigen.

Der Kleine Hanomag mit wassergekühltem Einzylinder-Viertaktmotor von 2/10 PS Leistung stellt die einfachste und vollendetste Lösung des Volksfahrzeuges dar, das nach den neuesten Grundsätzen des Autobaues aus nur bewährtem, erstklassigem Material gebaut wird. Bei leichtestem Gewicht und günstigen Baumaßen, **mit zwei bequemen Sitzen nebeneinander,** ist der Kleine Hanomag **der billigste deutsche Qualitätswagen** im Preis wie in den Unterhaltungskosten. Die Bauart, in über Tausend Ausführungen gründ-

127 Der kleine Hanomag wie er ab 1925 beworben wurde (BCM-Motiv Nr. 3)

gesichts und sehr zur Belustigung der Prager abmühen, durch Schieben das verfluchte Biest in Gang zu bringen. Es gelang nicht. Erich schaute nach dem Motor und glaubte, es läge am Patentkabel. Oder war nicht genug Brennstoff im Tank? Wir machten ihn voll, aber fahren wollte das Auto dennoch nicht. Es blieb uns nichts anderes übrig, als die Karre vor eine Ersatzteilstelle zu schieben und dort ein Patentkabel zu erstehen. Dann ging es wieder.

Mit frischem Mut bestiegen wir den Hanomag und brausten los. Am großen Wenzelsstandbild rollten wir nun vorbei und entlang der breiten Boulevards, wie all die besseren Autos auch. In den Vorortstraßen waren die Straßenbahnschienen soweit vom Pflaster getrennt, dass wir Angst hatten, die Pneus würden von den Felgen gerissen. Unser schon ziemlich zerschlissener, linker Vorderradmantel, der von einem Motorrad stammte, machte uns Sorgen, aber er hielt zunächst wacker durch, wie auch die anderen.

Wir rollten dann weiter durch Tschechisch-Bunzlau gen Dobrowitz. Wie die Reise der beiden jungen Studenten weiterlief, ist ausführlicher in dem kompletten Reisebericht enthalten, der zum Herbst 2025 im Olms-Verlag erscheint. Nur soviel vorweg: Es gab noch reichlich interessante Abenteuer und technische Schwierigkeiten, die eingehend beschrieben werden. Am

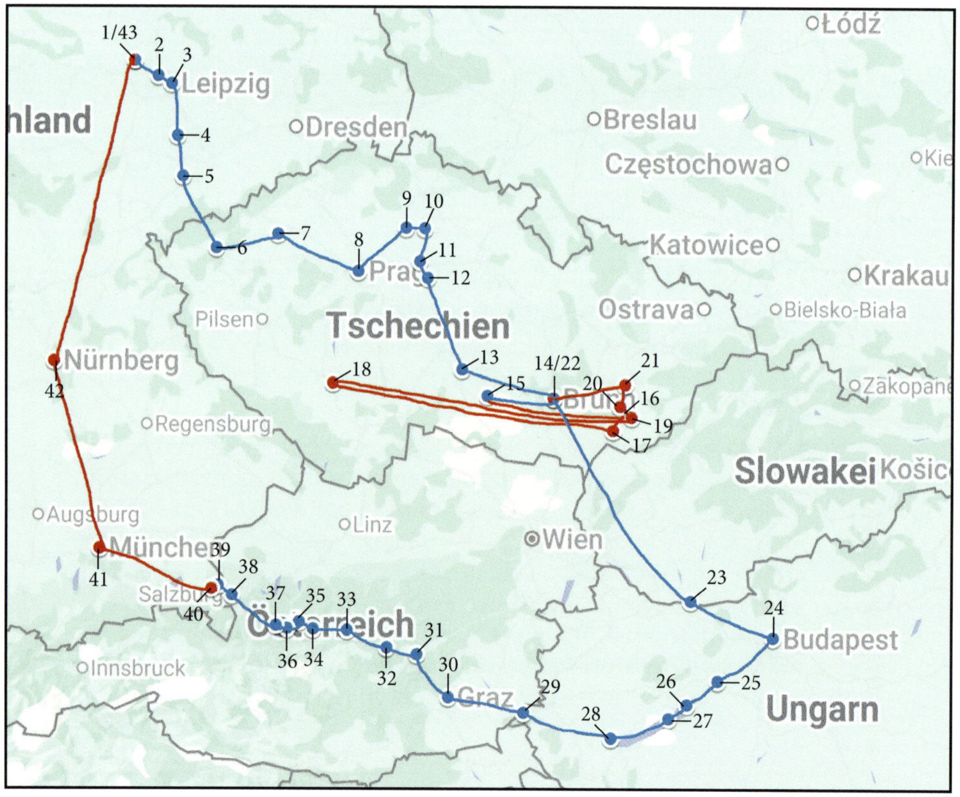

128 Die Ungarn-Route der beiden Hallenser Studenten 1928: Halle/Saale → 2 Schkeuditz → 3 Leipzig → 4 Altenburg → 5 Zwickau → 6 Karlsbad (Karlovy Vary) → 7 Saatz (Zatec) → 8 Prag (Praha) → 9 Dobrowitz (Dobrovice) → 10 Detenitz (Detenice) → 11 Bad Podjebrady (Podebrady) → 12 Kollin (Kolin) → 13 Iglau (Jihlava) → 14 Brünn (Brno) → 15 Richtung Kleine Karpaten bis Berg Pindulka → 16 Kloster Welehrad (Velehrad) → 17 Bisenz (Bzenec) → 18 Pisek → 19 Ungarisch Raditsch (Uherske Hradiste) →20 Sallasch (Salas) → 21 Kremsier (Kromeriz) → 22 Brünn (Brno) → 23 Komarno → 24 Budapest → 25 Stuhlweißenburg (Szekesfehervar) → 26 Plattensee (Balaton) → 27 Kloster Tihany → 28 Kestei (Keszthely) → 29 St. Gotthard (Szentgotthard) → 30 Graz → 31 Leoben → 32 Kalwang → 33 Selzthal → 34 Mitterndorf → 35 Bad Aussee → 36 Hallstadt → 37 Gosau/Dachstein → 38 Salzburg → 39 Schign → 40 Teisendorf → 41 München → 42 Nürnberg → 43 Halle/Saale

● per Hanomag ● per Bahn

129 Mit Kleinauto-Ratgeber, Ersatzteilliste und Winken für Fehlerbeseitigung wären den Ungarn-Fahrern sicher einige Unannehmlichkeiten erspart geblieben.

15. Oktober erreichten die beiden Abenteurer die deutsche Grenze, aber dann war es endgültig mit der Kompression des einen Zylinders vorbei, der Hanomag hat Halle nie wiedergesehen.

Halle, im Oktober 1928

HANS-JOACHIM SUCHSLAND
Bearbeitet von Sabine Jacobs,
geb. Suchsland, Hannover,
im Januar 2025

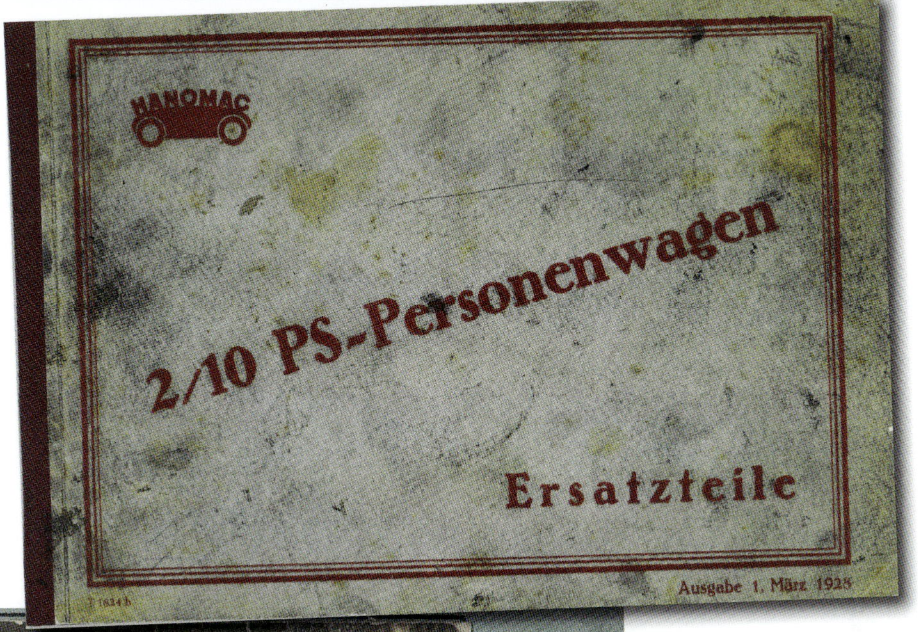

Der „kleine Hanomag" in Werbung und Öffentlichkeit

Für die *Hanomag*, durch den Lokomotivenbau bereits seit Jahrzehnten international erfolgreich tätig, stellte es kein Problem dar, auch ein neues Produkt wie das Automobil zu vermarkten. Das auf der Automobil-Ausstellung in Berlin Ende 1924 einmal geweckte Interesse führte zu einer Nachfrage, die es werksseitig zu befriedigen galt.

Ein wichtiges, bereits vorhandenes Kommunikationsinstrument waren dabei die seit 1913 erscheinenden Monatshefte der *Hanomag-Nachrichten*, die mehr als nur eine anspruchsvolle Zeitung darstellten. In ihnen wurden ab 1925 nicht nur Testfahrten, sondern auch Kuriositäten rund um den „kleinen Hanomag", sportliche Erfolge, technische Details oder Leserbriefe von Kunden veröffentlicht. Bis zur Einstellung der Veröffentlichung Ende 1927 waren die *Hanomag Nachrichten* ein recht wirkungsvolles Medium.

Darüber hinaus gab es natürlich auch reguläre Werbung für das Kommißbrot, wie gedruckte Schriften und Prospekte, die die Vorzüge des kleinen Volks-Wagens priesen, Werbeplakate und Kinowerbung.

130 Der Umschlag für das erste gedruckte Werbeblatt „Der kleine Hanomag"...

131 Der kleine Hanomag in einer zeitgenössischen Postkartendarstellung

1924
Eduard Eylert
ELBERFELD
Der kleine
Hanomag

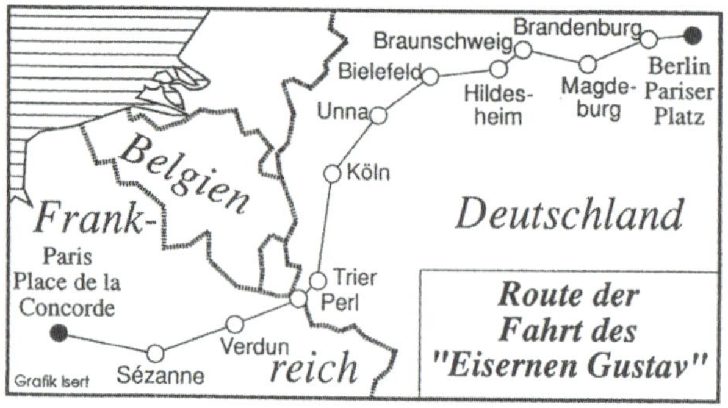

Bis heute hat das *Hanomag* Kommißbrot nicht an Kuriosität eingebüßt. Auf Veranstaltungen, die Oldtimer-Freunde organisieren, haben die Fahrer des „kleinen Hanomag“ stets das schmunzelnde Publikum auf ihrer Seite.

Ein Beispiel hierfür war die Tour Paris – Berlin, Pfingsten 1995, auf den Spuren des „Eisernen Gustav“. Am 136. Geburtstag des Berliner Droschkenkutschers starteten vier Kommißbrote unter großem Aufsehen vor dem Eiffelturm in Paris. Nach sechs Tagen, über Verdun, Köln, Dortmund, Hannover, Braunschweig und Magdeburg erreichte der Konvoi mit nur acht Minuten Verspätung das Brandenburger Tor in Berlin und wurde dort mit lautem Getöse begrüßt.

Damit war auch nach vielen Jahren bewiesen: mit einem „kleinen Hanomag“ kommt man immer an!

132 Start unter dem Eiffelturm – Paris 1995

133 Die historische Route des „Eisernen Gustav“

134 Zielankunft in Berlin, Brandenburger Tor mit dem Rallye-Schild für Teilnehmer und Begleiter

HI-CK 25
HANOMAC
Paris Berlin
4. – 10. 6. 1995
Auf den Spuren des „Eisernen Gustav"
1
Start
4. 6. 1995
Eifelturm Paris
Siebdruck Schäfer
AWA COUVERT
ALFELD
Ziel
10. 6. 1995
Berlin – Brandenburger Tor
Oldtimer-Freunde Hildesheim I. G.

HANOMAG
DER BILLIGE UND ZUVERLÄSSIGE GEBRAUCHSWAGEN FÜR JEDERMANN
HANOMAG
K-W-PROPAGANDA BERLIN W.35
VERTRIEB:
VERKAUFSGESELLSCHAFT LOTHRINGEN-HANOMAG A.G.
BERLIN W.8 Friedrichstr. 82 ~ Tel. Zentrum 273/274
DEUTSCHE AUTOMOBIL-AUSSTELLUNG BERLIN 1924, ALTE HALLE, STAND 196a
Pri dotazech odvolejte se na „MOTOR"

Der kleine Hanomag
2/10PS ZWEISITZER
MIT AUFSATZ 3050 MARK
LIMOUSINE 3200 MARK
OFFEN 2650 MARK
Der billigste deutsche Qualitätswagen
HANOMAG
HANNOVER-LINDEN
HANOMAG
VERTRETUNGEN AN ALLEN GRÖSSEREN PLÄTZEN

Neue Erfolge
2/10 PS Hanomag wieder siegreich gegen weit stärkere Klasse!
Teutoburger Wald-Rennen
16. 5. 26. In 4 PS-Klasse 1. und 2. Preis
Mitteldeutsche Zuverlässigkeitsfahrt
16. 5. 26. Ehrenpreis für sportliche Leistungen
Berliner A. C.-Zuverlässigkeitsfahrt durch den Harz 14., 15. u. 16. 5.
Einziger strafpunktfreier Privatfahrer gewinnt auf Hanomag, Wagenklasse 1-6 PS
Goldene Plakette und Ehrenpreis
Hainberg-Rennen
9. 5. 26. Privatfahrer 1. und 2. Preis
Industriefahrer 1., 2. und 3. Preis
Esthaler Bergprüfungsfahrt
9. 5. 26. In Klasse H: 1. und 2. Preis!
Mark 2175
Mark 2500
Mark 2500
Mark 2575
Teilzahlung auf Wunsch.
Preise ab Werk.

Bildunterschriften der vorherigen Seiten

135 Werbung für den ersten öffentlichen Auftritt des „kleinen Hanomag" 1924 in Berlin, das Werk in Hannover-Linden steht (nicht nur bildlich betrachtet) dahinter

136 Werbeprospekt vom „kleinen Hanomag" für den Hardtop, die Limousine und den Roadster

137 Werbeplakat Neue Erfolge im Rennsport mit dem 2/10 Hanomag Kommißbrot

Bildunterschriften dieser Seiten

138 Werbeplakat über die Zuverlässigkeit mit vergleichender Werbung

139 Die ersten Auto-Händler wussten bereits Kino-Werbung einzusetzen

140 Frühe, damals häufig nur mit einer Schmuckfarbe versehene Werbung für den 2/10

Bildunterschriften nächste Seiten

141 Der Sieger bei einer Dauer-Gebirgs-Prüfungsfahrt durch die Eifel

142 Bereits mit Hardtop erhältlich: der geschlossene 2/10

143 Der Zeitschrift „Kleinauto und Kraftrad" war das Kommißbrot alsbald eine Titelgeschichte wert

Dauer-Gebirgs-Prüfungsfahrt durch die Eifel
HANOMAG
Der Sieger!
Telegramm!
Köln, den 26. April 1926.
Butenuth auf Hanomag gewinnt im Gesamtklassement gegen stärkste Konkurrenz den Großen Rheinlandpreis, außerdem den Ehrenpreis der Stadt Köln und den ersten Preis seiner Klasse. Ferner beim Wettbewerb um den Jubiläumswanderpreis den ersten Klassepreis. Herrenfahrer Höpfner auf Hanomag bester Privatfahrer in Gesamtwertung erhält den ersten Preis seiner Klasse. Haeberle auf Hanomag zweitbeste Wertungsziffer sämtlicher Fahrzeuge.
Anzahlung
für den offenen Wagen ab Werk
Rest in 12 Monatsraten.
500 ℳ
HANOMAG
Barzahlung
für den offenen Wagen ab Werk
2175 ℳ

Der kleine Hanomag
2/10 PS
MIT ABNEHMBAREM KAROSSERIE-AUFSATZ BIETET ALLE ANNEHMLICHKEITEN DES OFFENEN UND GESCHLOSSENEN WAGENS, ER
KOSTET NUR 3050 MARK
HANOMAG
HANNOVER-LINDEN
VERTRETUNGEN AN ALLEN GRÖSSEREN PLÄTZEN
PEFFER HANNOVER

Jahrgang 1925
Heft 7/8
Preis 50 Pfg.
Kleinauto und Kraftrad
Die große Überraschung
„DER KLEINE HANOMAG" 2/12 PS 2300 Mark
Verkaufsstelle: Charlottenburg, Kaiserdamm 20 · Fernruf: Wilhelm 5078/9
Verlag Kleinauto und Kraftrad, Berlin W 35

144 Karosserie-Aufbauten entstanden nach Muster komplett neu in einer Meisterwerkstatt

145 Rahmenauflage beim Neubau eines Kommißbrotes, Hinterachse ohne Differential, Antrieb über Kette

146 Original Emblem des Kommißbrotes

147 Einpassen der Lenkung, Holzaufbau und Vorderachse sind bereits montiert

148 Detailaufnahme des rot lackierten Holzspeichenrades

149 Das originale Typenschild wird hinter dem Schalthebel wieder auf den Rahmen genietet

Die HANOMAG IG pflegt die Tradition

Die HANOMAG IG wurde 1985 als eingetragener Verein gegründet, der seit vielen Jahren als gemeinnützig und damit als besonders förderungswürdig anerkannt ist. In einer vereinseigenen Immobilie, die mit Hilfe von Sponsoren und erheblichen Eigenleistungen 1999/2000 ca. 60 Kilometer südlich von Hannover im Harzvorland errichtet wurde, werden Fahrzeuge und Maschinen aus der vielfältigen Unternehmensgeschichte bewahrt, gepflegt und – soweit erforderlich – betriebsfähig aufgearbeitet. Dazu zählen Landmaschinen, Personenwagen, Baumaschinen, Lastkraftwagen und Motoren aus der vielfältigen und langen Geschichte der Hanomag.

Seit 2002 werden diese Arbeiten durch die Arbeitsgemeinschaft KRAD nachhaltig erledigt. Einige rüstige Rentner und Pensionäre, zeitweilig unter tatkräftiger Unterstützung von jüngeren Vereinsmitgliedern, haben sich der Aufgabe gestellt, in ihrer Freizeit ehrenamtlich die zahlreichen handwerklichen Arbeiten für den Verein teilweise zu übernehmen.

HANOMAG

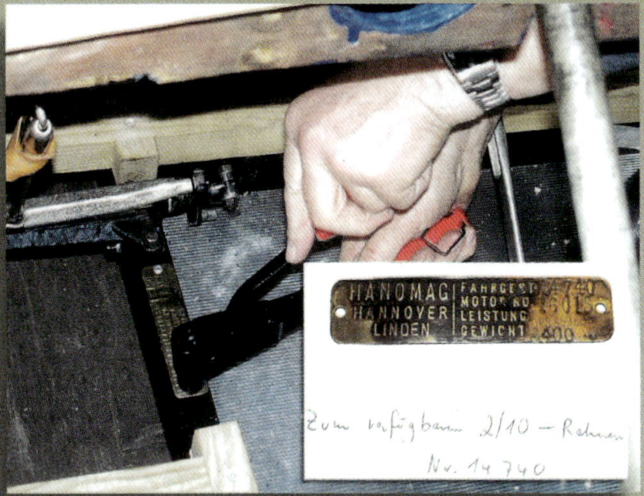
HANOMAG
HANNOVER
LINDEN
FAHRGEST.
MOTOR NO
LEISTUNG
GEWICHT
Zum verfügbaren 2/10 – Rahmen
Nr. 14 740

Der Arbeitsschwerpunkt lag von Anfang an bei den Kommißbroten, die dort nach und nach von Grund auf neu aufgebaut wurden. In den Beständen der Hanomag-Freunde befinden sich eine Limousine und ein Cabriolet, an dem die Arbeiten liefen. Vergammeltes Holz musste ersetzt, Blech entrostet, repariert oder ebenfalls erneuert werden, diverse Teile in Kopie nach Muster gefertigt werden.

Im Sommer 2007 gab es eine erste Premiere. Das Cabriolet ist aus eigener Kraft gefahren, wenn auch noch ohne Karosserie! Walter Spangenberg, Kraftfahrzeugmeister i. R. und Mitglied der HANOMAG IG, hatte uns den Motor gemacht. Der Holzaufbau kam von einem befreundeten Tischler. Fast alle anderen Arbeiten konnten von der KRAD AG selbst erledigt werden, die abschließende Lackierung und die „Mütze“, das anzufertigende Verdeck übernahmen externe Helfer.

Das Ergebnis in Form eines einsatzbereiten Fahrzeugs gestattet es der HANOMAG IG heute, die Rekonstruktion des Fließbandes vom kleinen Hanomag für Ausstellungszwecke zu bestücken, aber auch, dieses und andere Fahrzeuge im Rahmen der aktiven Traditionspflege auf Veranstaltungen einzusetzen.

150 Blick in den Motorraum im Heck des Kommißbrotes

151 Kommißbrot auf dem Weg zum Einbau des Motors und Anpassung der Heckkarosserie

Die Aktiven der HANOMAG IG wären froh, wenn es eines Tages im Raum Hannover zu einer entsprechenden, dauerhaften Pflege und Präsentation unseres ureigensten kulturtechnischen Erbes käme, wobei es wichtig wäre, kein verstaub-

152 Tacho des Kommißbrotes mit nachgefertigter Zündverstellung

153 Klaus Thon, der Spezialist für Kommißbrote bei den Hanomag-Freunden

tes Museum zu schaffen, sondern eine lebendige Einrichtung zum Thema Mobilität.

Derweil tuckern die Kommißbrote durch die Lande, um an die Frühzeit der Massenmotorisierung zu erinnern. Sie begann zwar nicht in Hannover, erhielt aber von der *Hanomag* in Linden durchaus entscheidende Impulse.

Horst-Dieter Görg

154 Testfahrt – blühende Rapsfelder bilden die Kulisse für eine Restaurierungsgeschichte im Magazin Oldtimer-Markt

155 Der neuaufgebaute Kleinwagen mit Stoffverdeck

156 Sie stehen hinter dem Kommißbrot-Projekten: Dieter Überheide, Adolf Eberl, Reinhard Koch, Horst-Dieter Görg und Klaus Thon im Fundus der Hanomag Freunde – es gibt immer was zu tun

HANOMAG
HI LN 235

Neuer Sitzaufbau nach alter Technik

Um ein altes Fahrzeug herzurichten bzw. wieder alltagstauglich zu machen, gehören auch vernünftige Sitzpolster dazu. Dustin Fricke, ein junger Polsterer aus Eime bei Gronau/Leine nahm sich dieser Aufgabe bereits mehrfach an. Im Rahmen eines solchen Neuaufbaus werden ganz klassisch noch Federn verwendet, die miteinander aufwändig verspannt und auf dem zugrunde liegenden Holzrahmen, der in diesem Fall neu angefertigt werden musste, zu befestigen waren.

Dieses „Geflecht aus Federn" wird anschließend mit Filz aufgepolstert, bevor es mit Soff bezogen werden kann – eine Arbeit für die weitere Arbeitsstunden erforderlich sind, die aber vom Ergebnis schon in die richtige Richtung deuten.

Abschließend kommt als Obermaterial ein Stoff oder Leder darauf, in diesem Fall entschied sich der Eigentümer einer Kommißbrot-Limousine für einen dunklen Rot-Ton, der zu seinem Fahrzeug passte und auch bei der anschließenden Innenauskleidung Verwendung fand. Schon nach wenigen Wochen konnte das Ergebnis im Fahrzeug zusammengefügt werden.

157 So wurde die Rückenlehne vorgefunden

158 Grundaufbau eines Polstersitzes mit verspannten Federn

159 Mit Filz bestückter Sitz

160 Der fast einbaufertig neu bezogene Kommißbrot-Sitz

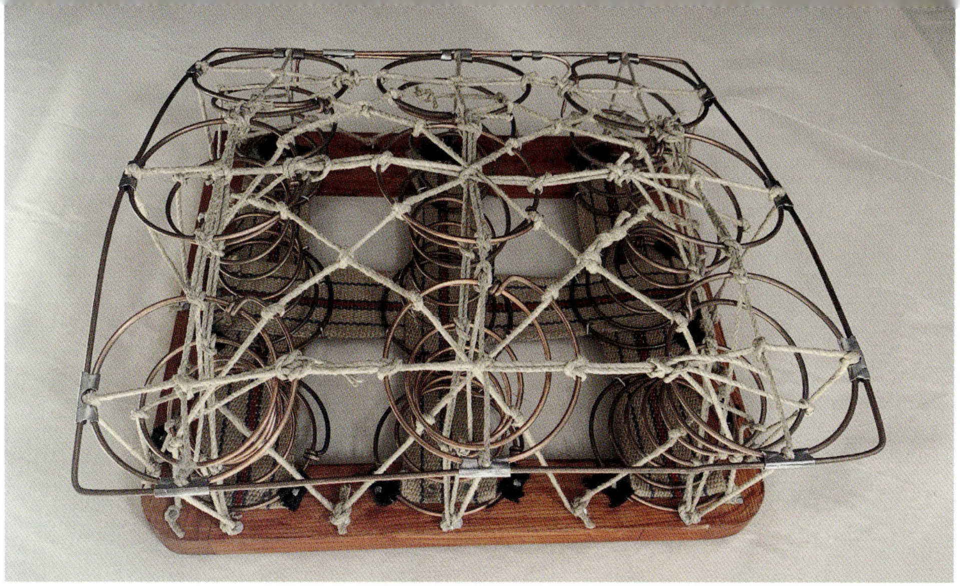

Kommißbrot auf großer Tour

Es hatte über ein Jahr gedauert, bis die letzten Schrauben gedreht waren. 80 Jahre nach seiner Herstellung in Hannover ging ein *Hanomag*-Kommißbrot 2005 über den Atlantik in das damals neue *Tampa Bay Automobil Museum* an der Ostküste von Florida. Diese nicht ganz alltägliche Geschichte fand 2018 eine Fortsetzung.

Museumsgründer Alain Cerf, ein Amerikaner französischer Abstammung, hatte schon seit Jahren nach einem „kleinen Hanomag“ Ausschau gehalten. Er hat sich auf die Sammlungsschwerpunkte deutsche und französische Vorkriegswagen spezialisiert, wobei ihm auch die Darstellung verschiedener Antriebs- und Karosseriekonzepte wichtig ist.

Das Fahrzeug wurde von einem Rentner-Team aus dem Kreis der Hanomag-Freunde völlig zerlegt, gereinigt und wo erforderlich erneuert. Ganz ohne Probleme verlief dieses Unternehmen natürlich nicht. So hatte der erste Motor einen verdeckten Schaden – der Kolben hatte bereits

161 Startklar zur ersten Probefahrt – der 2/10 von Klaus Thon für Amerika, rechts der Hanomag-Pkw-Spezialist Adolf Eberl

162 Die Karosserie wurde teilzerlegt, die A-Säulen und die Bodengruppe völlig erneuert

163 Einladung in das Tampa Bay Automobile Museum zur Ankunft des Hanomag Kommißbrotes, 2005

TAMPA BAY AUTOMOBILE MUSEUM

Come celebrate with us the Museum's latest acquisition:

A 1927 KOMMISBROT built by HANOMAG

Horst-Dieter Görg, Journalist, Author and President of the Hanomag Club in Germany, will present the car after driving it from Jacksonville to the Museum.

The Kommisbrot, a people car for two people with a one cylinder rear engine, was designed by two young Engineers, freshly graduating from school, with no preconceived ideas and some very modern features for the time as a pontoon body and a full independent suspension on the four wheels.

Hanomag at the time was an important manufacturer of heavy steam engine equipment for the German Railways. Having no past experience with automobiles, the company hired both engineers Fidelis Bolhler and Carl Pollich, and subsequently Carl Pollich became manager of the Hanomag Automobile department.

Please join us to welcome Horst-Dieter Görg and Klaus Thon who restored the car.

Friday September the 23rd - 6 pm

Buffet by The Redwood • Cash Bar • Entry Fee - $20

Please R.S.V.P. before September 15th.

3301 Gateway Centre Blvd. • Pinellas Park, FL • 727.579.8226

WWW.TBAUTO.ORG

FLORIDA
12-05
G7114E
TRANSPORTER
HANOMAG

164 Die Übergabe des bereits zugelassenen „kleinen Hanomag" an das neue Tampa Bay Automobile Museum, St. Petersburg im Sonnenstaat Florida, USA, September 2005

165 „Advertising Card" vom Tampa Bay Automobile Museum

166 Wie David und Goliath – Kommißbrot und amerikanischer Truck .., extremer kann ein Größenvergleich kaum ausfallen

167 Lebendig gewordene 1920-er Jahre – Sonja mit Kommißbrot im Tampa Bay Automobil Museum

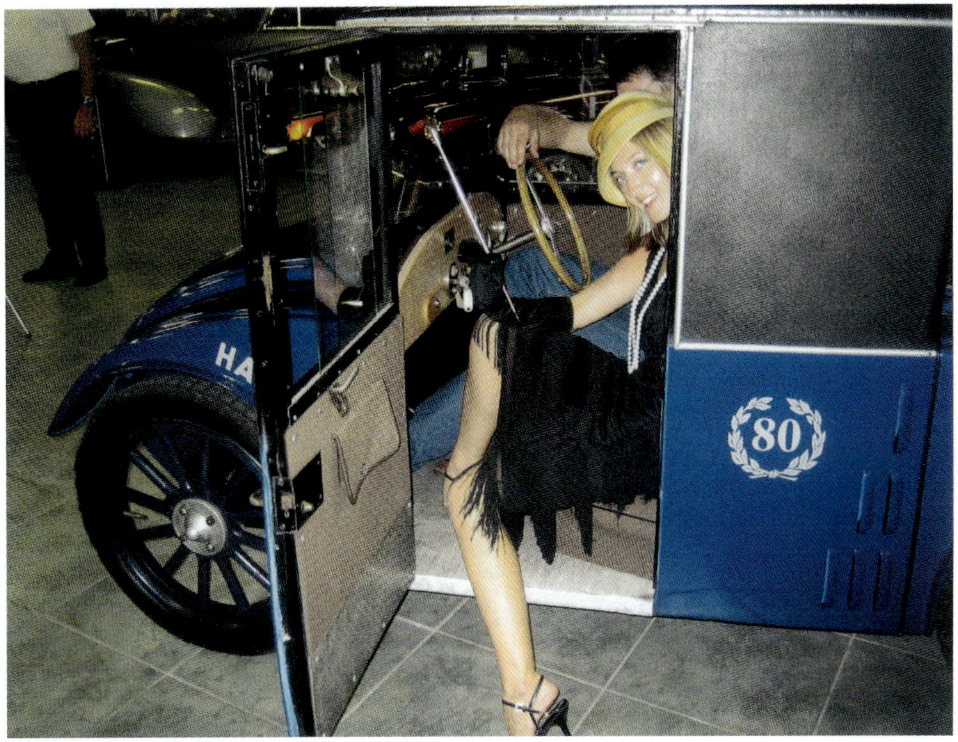

gefressen und musste ersetzt werden. Auch zwei Plattfüße waren zu beseitigen, Lager wurden ersetzt, die A-Säulen der Karosserie, die Bodengruppe, Farbanstriche und Dichtungen wurden erneuert, zuletzt brach noch eine Achsaufhängung ab. Alle Arbeitsschritte wurden sorgfältig dokumentiert, ein kleiner Beitrag zu diesem Buch.

Anfang September 2005 „schwamm" das kleine Auto über den Atlantik in Gesellschaft deutscher Edelkarossen wie Audi, Mercedes und Porsche. Mitte September 2005 erreichte es dann in Jacksonville an der Ostküste von Florida, das erste Etappenziel. Auf Achse ging es dann in zwei Etappen über Orlando nach Tampa Bay am Golf von Mexico, wo es seither als besonderes Exponat steht und ab und zu auch im Einsatz zu sehen ist.

Für die Begrüßung des „kleinen Hanomag" hatte der umtriebige Unternehmer und Museumsgründer Cerf eigens eine Willkommensparty organisiert. Zwei

Mitarbeiterinnen, Lilian und Sonja, wurden mit Kostümen der 1920er Jahre ausgestattet, um eine historische Kommißbrot-Illustration wieder lebendig werden zu lassen. Eine Geste, die beim Publikum gut ankam. Dazu gab es klassische Klavier-Musik von einem mechanischen Musikinstrument des *Tampa Bay Automobil Museums*, das sich auf hoffentlich noch viele Besucher aus Deutschland freut – und sei es unter www.tbauto.org nur im Internet.

Weltweite mediale Aufmerksamkeit bekamen Alain Cerf und das T*ampa Bay Automobile Museum* 2011, als sie den funktionsfähigen Nachbau des Fardier von Nicolas Cugnot auf der Retromobil in Paris vorstellten. Dieser als Artillerie-Zugmaschine konzipierte Dampfwagen von 1769/70 gilt weltweit als das erste Automobil.

Erneut über den großen Teich ...

Über zehn Jahre später erreichte die *Hanomag-Freunde* um Klaus Thon erneut eine Anfrage aus Amerika. Ein dort lebender Deutsch-Amerikaner hatte 1999 auf einer Ausstellung in Hannover das Fließband mit den Kommißbroten gesehen, so ein Auto wollte er auch gern haben!

168 Funktionsfähiger Nachbau des Dampfwagens von Nicolaus Cugnot in St. Petersburg, Florida, USA

169 Der für Atlanta bestimmte 2/10 vor der Verladung in einen Übersee-Container in Bremerhaven

Nachdem der Kontakt hergestellt war, fand sich rasch ein geeignetes Objekt, nur musste dieses am Ende auch wieder total zerlegt werden, um einen verdeckten Unfallschaden zu beseitigen und das Fahrzeug in einer Wunschfarbe zu lackieren, mit neuen Holzspeicherädern – ohne Wurmfraß! – zu versehen und ihm letztlich noch ein Verdeck zu verpassen.

Im Herbst 2018 machte sich dann die etwas erweiterte Kommißbrot-Mannschaft der *Hanomag-Freunde* erneut auf den Weg in die USA, dieses Mal in die Nähe von Atlanta, Georgia. Dort ist „Mäxchen" in einer Privatsammlung angekommen, wo ihm die vorher absolvierte „Verschönerungskur" gut getan hat! Mit etwas Verspätung war der Wagen im Sommer eingeschifft und zum Herbst an den neuen Eigentümer übergeben worden.

Naheliegend, bei so einem Besuch in de Südstaaten auch Alain Cerf in Tampa einen Kurz-Besuch abzustatten, um sein erweitertes Museum, seinen „kleinen Hanomag" und eine noch wachsende Fahrzeugsammlung anzuschauen; da lohnt sich ein Besuch mehr denn je!

HORST-DIETER GÖRG

170 Fünf Mann wollten unbedingt mit Hand anlegen, um den „kleinen Hanomag" in den Übersee-Container zu bugsieren

171 Kurz darauf hieß es „Leinen los", und die nächste große Tour eines Kommißbrotes über den „Teich" in die Südstaaten der USA begann

Kuriositäten rund um den „kleinen Hanomag"

Urteil über das Hanomag-Kleinauto, Hanomag-Drucksache T 1841, 1926

Hierdurch möchte ich Ihnen mitteilen, dass ich mit dem, mir Ende August 1925 gelieferten „kleinen Hanomag", die besten Erfahrungen gemacht habe. Geradezu verblüffend ist die Leistung des kleinen Wagens als Bergsteiger. Jedenfalls gibt es hier in der Rhön neben schlechtem Wegen sehr starke Steigungen. Der Wagen hat uns noch niemals im Stich gelassen. Sogar mit drei Personen Besatzung und Gepäck läuft er gut von Gersfeld auf die Wasserkuppe.

Als Beispiel für die besondere Leistung in Bezug auf Zugkraft möchte ich noch erwähnen, dass wir sogar während des Rhön-Wettbewerbes 1925 mein Segelflugzeug „Moritz" in einem gummibereiften Anhänger glatt auf die Wasserkuppe brachten. Das Flugzeug wiegt mit Anhänger 180 kg.

Ich glaube, dass aus dem Gesagten die Güte des Wagens zur Genüge ersichtlich ist. Ich kann ihn nur empfehlen.

Hochachtungsvoll Arthur Martens
Martens Fliegerschule, Wasserkuppe bei Gersfelden / Rhön, den 9. Februar 1926

172 „Moritz" im Anhänger, ein kurioses Gespann ...

173 ... auf dem Weg zum Gipfel der Wasserkuppe

174 Kommißbrot, HAWA-Segelflugzeug „Moritz" und Mitglieder der hannoverschen AK Flieg

P. 29
Moritz

Panzer-Attrappen für die Reichswehr

Von leichten Sonderkarosserien für den Rennsport war bereits vorn im Bildband zu lesen. Not macht bekanntlich erfinderisch, so geschehen auch bei der Reichswehr, die nach dem verlorenen Ersten Weltkrieg im Vertrag von Versailles nur wenige Einsatzfahrzeuge zugestanden bekam. So musste sich das 100.000-Mann-Heer im entmilitarisierten Deutschland häufig zu Übungszwecken sogenannter Tank-Nachbildungen bedienen.

Ab 1925 kamen daher auf Basis des „kleinen Hanomag" Panzer-Attrappen zum Einsatz. Diese bestanden aus Holzgestellen, die mit Leinwand überzogen waren. Dabei bewährte sich der 2/10 von *Hanomag* recht gut. Geringes Gewicht, Heckmotor und -antrieb sowie seine einfache und robuste Technik waren ideal für den harten Einsatz im Gelände.

Über die Anzahl der zum Übungseinsatz gekommenen sogenannten Tank-Nachbildungen auf *Hanomag* 2/10-Basis und eventueller Überreste ist leider nichts bekannt.

175 Nach dem Ersten Weltkrieg wurde Deutschland der Besitz von Panzern verboten. Daher wurden Panzerattrappen ...

176 ... auf Basis des Kommißbrots im entmilitarisierten Reich eingesetzt

177 In der Heckansicht war der Kommißbrot-Panzer auf Distanz täuschend echt

178 Das Kommißbrot stand zumindest bei der Technik Pate für diesen Klein-Bus ,...

179 ... aber auch für die Feuerwehr, die bei Koebe in Luckenwalde karossiert wurde

180 Zeitgenössische Werbung für den Klein-Lkw

Klein-Lkw auf Basis des Kommißbrots

Um den internen Werkstransport zu organisieren, hatten findige Ingenieure bei der Hanomag einen recht einfachen „Werkskarren“ entwickelt, der schon bald nach dem Kommißbrot das Laufen bzw. Fahren lernte.

In einen stabilen U-Profil-Rahmen war vorne über der Achse ein Kommißbrot-Motor mit Getriebe unterflurig zwischen den beiden Sitzen eingebaut worden, der mittels eines Gestänges geschaltet wurde. Die Kraftübertragung erfolgte über eine Kardanwelle auf die Hinterachse.

Im internen Werksverkehr zunächst nur mit einer einfachen Pritsche ausgestattet, konnte dieses Gefährt viele Transportaufgaben auf dem weitläufigen Firmengelände übernehmen. Motoren, Getriebe und Maschinenteile wurden transportiert, und bisweilen bestand die Ladung auch aus Lokomotivenrädern.

Zunächst als Einzelstück, dann in Kleinserie gefertigt, reifte Ende des Jahres 1926 bei der *Hanomag*-Geschäftsleitung der Gedanke, das durch Dauertests im Alltag erprobte, äußerst sparsame und robuste Fahrzeug mit einer Zula-

Der 500 ccm/10 PS-HANOMAG-Klein-Lastwagen

Beschreibung:

Wassergekühlter Hanomag-Viertaktmotor mit 10 PS-Bremsleistung. Kugel und Rollenlager, daher geringer Verschleiß. Tretkurbel zum Anwerfen des Motors an der Stirnseite. Getriebe hat drei Vorwärtsgänge und einen Rückwärtsgang. Trockene Scheibenkupplung, die keinerlei Aufmerksamkeit erfordert. Kulissen-Schaltung. Übertragung auf Hinterachse durch Kardanwelle. Zwei Hinterachsbremsen, als Innenbackenbremsen ausgebildet, werden durch Fuß- bzw. Handhebel betätigt. Gute Federung von Vorder- und Hinterachse. Scheibenräder. Lichtmaschine mit Batterie; ein Hauptscheinwerfer, zwei Seitenlampen, Schlußlampe und Handlampe. Zwei geräumige Werkzeugbehälter unter den Sitzen. Brennstoffbehälter für ca. 28 l.

Die Führersitze bieten für 2 Personen bequem Platz. Ein Klappverdeck schützt vor Unbilden der Witterung.

Zubehör und Ausstattung:

Elektrische Hupe, Ballhupe, Scheibenwischer. Gepolsterte Sitze, aufklappbares Gummistoffverdeck, Reservereifen, vollständiges Werkzeug. Der Hanomag-Klein-Lastwagen wird als Chassis mit Führersitz und Verdeck, als Pritsche mit abklappbaren Seitenteilen oder als Lieferwagen mit geschlossenem Kastenaufbau geliefert.

Auf Wunsch Tachometer, Fahrtrichtungsanzeiger, Uhr, Rückspiegel usw.

Ladegewicht:	**Ladefläche:**	**Brennstoffverbrauch:**	**Geschwindigkeit:**
etwa 500–750 kg	2,10 m × 1,35 m	etwa 8–9 l für 100 km u. etwa 0,4–0,5 l Öl	etwa 30 km

Abmessungen:

Radstand: 1950 mm; Spurweite: vorn 1080 mm, hinten 1000 mm; Pritschenhöhe: 725 mm über Boden; Leergewicht: etwa 700 kg; Spezialluftbereifung: 22×4½" m. Stahlseilwulsten.

Jahressteuer 150 RM.

ist das wirtschaftlichste Beförderungsmittel für jeden Betrieb

dung von immerhin 750 kg bald auch für Kunden in den Handel zu bringen.

Mit 10 PS konnte eine maximale Geschwindigkeit von 30 km/h erreicht werden. Der Verbrauch belief sich auf ca. neun Liter auf 100 Kilometer, wobei die Reichweite einer Tankfüllung ca. 300 Kilometer betrug. So war der ¾-Tonner bald als Klein-Omnibus, Lastentransporter mit fester und kippbarer Pritsche oder mit einem Kastenaufbau sowie als Feuerwehr erhältlich. Diese Fahrzeuge waren gerade in der aufkommenden Weltwirtschaftskrise eine kostengünstige, sparsame und vielseitig nutzbare Transportmöglichkeit.

Technik eines Werkskarrens von 1929

Den Hanomag-Freunden war es bereits vor einigen Jahren gelungen, ein gut erhaltenes und von der Technik her komplettes Fahrgestell eines Werkskarrens zu erwerben und damit zunächst für die Nachwelt zu erhalten.

Anfang 2023 wurde von freiwilligen Helfern mit der Aufarbeitung begonnen. Nach der vollständi-

181 Als Wasserwagen im kommunalen Einsatz auf staubigen Dorfstraßen

182 Auch der Klein-Lkw wurde bei der Hanomag schon am Fließband gebaut

183 Den Hanomag-Klein-Lkw, auch ¾-Tonner genannt, war auf Wunsch mit einem Kastenaufbau erhältlich

Betten-Heuer
Das Aussteuerhaus
an der
Alten Cellerheerstraße
Ecke Gretchenstraße
Fernspr. 64401
IS-33963

gen Demontage wurden zunächst alle Teile vom groben Rost befreit. Der Rahmen konnte im Aufliegerwerk von KRONE in Werlte im Emsland mit einer mehrschichtigen Lackierung versehen werden. Nach Aufarbeitung der Achsen, Bremsen und dem Aufziehen neuer Reifen stand das Fahrgestell im Herbst 2024 wieder auf den eigenen Rädern.

Zwischenzeitlich war es einem der Hanomag-Experten gelungen, den seinerzeit schon original verbauten Kommißbrot-Motor daheim in seiner Hobby-Werkstatt aufzuarbeiten. Nachdem ein anderer Spezialist aus mehreren Kommißbrot-Getrieben wieder ein brauchbares aufbauen konnte, gelang es unter Verwendung des speziellen Lkw-Schaltgestänges, wieder eine Antriebseinheit zu schaffen, diese in das Fahrgestell einzupassen und einen erfolgreichen Probelauf des Motors durchzuführen.

Im Frühjahr 2025 war auch der nach alten Fragmenten rekonstruierte Tank angefertigt und eingebaut, so dass hier auf weitere Improvisationen verzichtet werden konnte.

Zu Beginn der Jubiläumsausstellung fehlte zwar noch der zu überarbeitende Kühler, aber dieses nun wieder komplette und funktionstüchtige Fahrgestell vermittelt sehr schön einen Einblick in die sonst unter Karosserie und Pritsche verborgene Technik.

Horst-Dieter Görg

184 Fahrgestell eines recht seltenen „Werkskarrens“ im Fundzustand

185 Der als Antrieb separat aufgearbeitete 1-Zylinder-Motor

186 Aufgearbeitete, komplette Technik des Werkskarrens steht wieder auf Rädern

187 Einpassung von Motor und Getriebe in das aufgearbeitete Fahrgestell

ZEUS UND HANOMAG

in Wort und Bild — *150 / 151 aus den Hanomag Nachrichten, Jahrgang 1927* — von Hans Nikolaus Mang

1. „Was tun?“ spricht Zeus, „es rast die Zeit —
Schon jeder Mann um Hilfe schreit.
Es läuft der Mensch, kommt nicht vom Fleck —
Der Zeitensturm macht ihn zur Schneck.

2. Verwurstelt ist der Droschkengaul!
Mit Rollschuh, Fahrrad steht es faul.
Per Bahn, Motor und Omnibus
War schon von je kein Hochgenuß.

3. Zwei Menschenbeine sind ganz nett
Zum Hausgebrauch, Sport und Ballett!
Doch sonst, wenn's um Sekunden geht —
Der beste Läufer kommt zu spät!“

4. Verlegen war ja Zeus noch nie: — — —
„Der Mensch braucht 'ne Karosserie!
Leicht handlich, für nicht zuviel Geld — — —
Ein Klein-Auto hilft jetzt der Welt.

5. Für Luxus ist die Zeit vorbei . . . .
Zweckdienlich so ein Wagen sei.
Für den Beruf jedweder Art,
Für Brautschau und Vergnügungsfahrt.

6. An Geld spart, wer die Stunden nützt,
Wer unabhängig Tempo flitzt . . . .
Wer vorwärts und nicht rückwärts denkt . . . .
Wer selbst sich steuert, fährt und lenkt!“

7. Noch schuf Herr Zeus am selben Tag
Das Klein-Auto, den HANOMAG!
Fast jeder Mensch ist knapp schon dran — —
Daß er sich diesen leisten kann.

8. Der Wagen selbst braucht wenig Platz!
Darinnen sitzt man mit dem Schatz — — —
Mit Frau, mit Freundin, je nachdem — — —
Zwei Sitze drin, höchst angenehm!

HANOMAG

9. Im Großverkehr, durch Stadt und Land — — —
Führt spielend ihn die Laienhand.
Verbraucht geringes Öl, Benzin — — —
Bergauf, bergab, geht's leicht dahin.

10. So gab es denn noch eine Frag — — —
Wie zahlt der Mensch den HANOMAG?
Da sprach Herr Zeus zum Kundenkreis:
„Zahlt meine Schöpfung ratenweis!“

11. Und unter Blitz und Donnerschlag
Fuhr drauf mit einem HANOMAG
Durch Wettersturm und Regenmeer
In den Olymp der alte Herr!

Fließband-Nachbau und Ausstellungen

Das *Hanomag* Kommißbrot ist nicht nur als Automobil ein Meilenstein der Fahrzeugentwicklung. Mit der Fließbandproduktion des „kleinen Hanomag“ kam der Automobilbau auch in Europa in eine neue Phase. So lag die Rekonstruktion dieser Fließfertigung für Ausstellungen und museale Zwecke nahe. Bereits Anfang der 1990-er Jahre begann nach alten Zeichnungen und Fotos die Rekonstruktion der Fließstraße des Kommißbrotes. Ein Museumsverein und die Lehrwerkstatt der damaligen *Hanomag AG* in Hannover-Linden übernahmen die Planung und technische Umsetzung dieses zunächst noch statischen Ausstellungsensembles. Anlässlich des 75. Geburtstages des Kommißbrotes entstanden durch das *Berufsbildungszentrum Hildesheim (BBZ)* zwei Wendetische, die das Band mobil machten. Die Verwendung sehr vieler originaler Ersatzteile wie Motore, Getriebe, Achsen, Räder usw., ermöglicht seither die Darstellung unterschiedlicher Produktionsschritte und damit ein „Bespielen“ des Fließbandes.

Unter Ausbildungsgesichtspunkten war es interessant, jungen Leuten alte Handwerkstechniken wie das Abkanten oder Nieten beizubringen. Ein

190 Die rekonstruierte Fließfertigung bei einem ersten Einsatz auf der IAA in Frankfurt am Main 1993

191 Fahrgestell und Karosserie sind bereits vereint, wenn auch die Fronthaube hier noch fehlt

engagierter Meister übernahm gern die Regie in der Werkstatt. Mit Hilfe von Schablonen wurden die benötigten Rahmenteile nach Muster aus Blechtafeln herausgebrannt, danach geschliffen, entgratet und befeilt, bevor sie gebogen werden konnten. So entstanden nach und nach fünf neue,

192 Blick von der fünften Ebene des Zeithauses auf die Hanomag-Ausstellung, im Vordergrund das Nachfolgemodell 3/16, im Hintergrund der 1,3-Liter Autobahn

193 Titel des Faltblattes zur Ausstellung im ZeitHaus der Autostadt 2005/06

194 Auswahl von Pokalen und Medaillen des damaligen Hanomag-Werksfahrers Hellmuth Butenuth, Berlin, in einer Vitrine im Zeithaus in Wolfsburg

Der erste Schlag muß sitzen

BBZ-Lehrlinge bauen fünf „Kommißbrot"-Fahrgestelle für das Hanomag-Museum in Störy

Störy / Hildesheim (me). „Der erste Schlag muß sitzen", erklärt Winfried Maischak. Der erfahrene Kraftfahrzeugmeister zeigt einer Handvoll Lehrlingen im ersten Lehrjahr, wie „warmgenietet" wird. Diese Vorkriegstechnik brauchen die jungen Männer, um die fünf Fahrgestelle des Hanomag „Kommißbrotes" originalgetreu verbinden zu können. Die Auszubildenden aus dem Berufsbildungszentrum (BBZ) Hildesheim arbeiten für das „Technik-Forum Hanomag", das noch in diesem Herbst neben dem Kleinwagenmuseum in Störy seine Pforten öffnen will. Ein wichtiges Exponat soll die „Fließfertigung" sein, mit der zwischen 1924 und 1927 mehr als 15 000 „Kommißbrote" auf die Räder gestellt wurden.

„Das Warmnieten ist eine heute ungebräuchliche Technik", berichtet BBZ-Lehrwerkmeister Siegfried Laqua, „das Schweißen hat sie verdrängt." Dabei habe die punktgenaue Befestigung mit weißglühenden Nieten, die mit kräftigen Hammerschlägen gequetscht werden, durchaus auch Vorteile. „Gerade bei Rahmenteilen bleibt ein Rest von Beweglichkeit", erklärt Maischak, der zwar längst im Ruhestand ist, aber sein Wissen den BBZ-Lehrlingen gern zur Verfügung stellt. Maischak hat selbst schon ein „Kommißbrot" gebaut. „Es ist noch nicht ganz fertig, es fehlen noch Lack, Kabel und Sitze", sagt er. Seit vier Jahren baut er an dem Kleinwagen aus Hannover, „mich treibt ja niemand.

Laqua berichtet, wie glücklich er gewesen sei, als Horst-Dieter Görg, Vorsitzender der Hanomag-Interessengemeinschaft, mit dem Spezialauftrag zum BBZ kam. „Das ist doch besser, als immer nur Musterstücke arbeiten zu lassen." Anfang sei er selbst ein wenig skeptisch gewesen, ob ein erstes Lehrjahr diese Arbeit überhaupt schaffen könnte. „Aber wir haben ja Zeit und einen erfahrenen Meister an der Seite."

Die Vierkant-Rahmenteile sind aus einfachem Baustahl. Das Zusammensetzen stellt kaum Probleme dar. Nur ein Bogen, den der Rahmen um das Getriebegehäuse schlagen muß, bedurfte etlicher Versuche. „Wir haben ja keine Gesenkform", erklärt Laqua. Der Bogen mußte also von Hand gefertigt werden. Mehrere Versuche scheiterten, doch schließlich fanden die Meister und ihre Lehrlinge den richtigen Weg. Ein wenig Tüftelei erforderte auch eine Verjüngungsstelle am Rahmen. „Es gibt leider niemanden mehr, der uns sagen kann, wie diese Teile vor 75 Jahren gefertigt wurden", bedauert Laqua.

Auch die Hanomag-Fachliteratur gibt über solche Details keine Auskunft. Immerhin ist aber hier die „Fließfertigung" abgebildet. Ein Fließband haben Hanomag-Lehrlinge schon für die Internationale Automobilausstellung 1993 in Frankfurt nachgebaut. Es soll künftig in Störy zu sehen sein. So wie in den 20er Jahren die kleinen Autos zusammengeschraubt wurden, sollen auch dort die fünf Fahrgestelle in unterschiedlichen Fertigungs-Stufen gezeigt werden. Für die Ergänzung der Fahrgestelle gibt es noch genügend Originalteile. „An Motoren, Getrieben und Achsen fehlt es nicht", weiß Maischak, der selbst zu den Hanomag-Freunden gehört.

Erst nachdem die Lehrlinge an Probeblechen das „Warmnieten" geübt haben, wagen sie sich an die „Kommißbrot"-Rahmen. Sergej Ewert hält mit einer Zange die Niete in den Brenner, bis sie weißglüht. Schnell steckt er sie in das vorgebohrte Loch. Stefan Wollgramm versetzt ihr den ersten, den entscheidenden Schlag. Das glühende Metall schmiegt sich in die Bohrung. Nun rundet Kai Beese mit wuchtigen Schlägen den Kopf der Niete. Am Ende unterscheiden sie sich nicht mehr von den Vorbildern bei dem alten „Kommißbrot"-Fahrgestell, das in der Lehrwerkstatt steht.

Es sind noch etliche Handgriffe zu tun. Sitzen erst alle Nieten, werden die Fahrgestelle schwarz lackiert. Einige werden noch einen Holzboden bekommen, gerade so wie das Original.

Der erste Schlag muß sitzen. Stefan Wollgramm konzentriert sich auf den Schlag. Kai Beese (links) und Konstantin Neufeld stehen für die weiteren Handgriffe bereit. Lehrwerkstattmeister Siegfried Laqua hat ein wachsames Auge auf seine Lehrlinge. Fotos: Hartmann

Neue Attraktion für Störy

Störy (me). Noch in diesem Jahr wird Stöy um eine Attraktion reicher. Neben dem Kleinwagenmuseum wird die erste Halle für das Technik-Forum Hanomag errichtet. In diesen Tagen wird der Bauantrag gestellt, Baubeginn für die hölzerne Halle soll im kommenden Monat sein, Richtfest einen Monat später. Und im Herbst soll die Ausstellung eröffnet werden. Diesen knappen Zeitplan hat Horst-Doeter Görg, Vorsitzender der Hanomag-Interessentenschaft, mitgeteilt.

Mit der Holzkonstruktion wurde die Firma beauftragt, die unlängst den Expo-Bauernhof am Weltausstellungsgelände errichtet hat. Ein bayrischer Unternehmer hat mit einer großzügigen Spende den Bau ermöglicht.

In Störy wird auch Ende August das 6. Veteranentreffen der Hanomag-Freunde stattfinden. Nicht nur Fahrzeuge der hannoverschen Maschinenfabrik (Land-, Zug- und Baumaschinen, Traktoren, Personenwagen und Holzgasfahrezuge) sind am 28. und 29. August auf der Festwiese gern gesehen. Weitere Attraktionen sind Dampf-Modelle, Dreschvorführungen und ein Schaupflügen sowie ein Oldtimer-Teilemarkt und viele weitere Attraktionen.

Fünf Nachbauten des einfachen Fahrgestells eines Hanomag „Kommißbrotes" fertigen derzeit die Lehrlinge des ersten Lehrjahrs im Berufsbildungszentrum Hildesheim aus Baustahl an.

Sergej Ewert macht die Niete „warm". Erst weißglühend kann sie eingebaut werden.

Winfried Maischak erklärt den Lehrlingen, an welcher Stelle des Fahrzeugrahmens das Loch für die Niete gebohrt werden muß, die später glühendheiß („warm") eingeschlagen werden.

stabile Rahmen, die für die Darstellung unterschiedlicher Produktionsstufen benötigt wurden.

Der erste aktive Einsatz der *Hanomag*-Fließfertigung erfolgte im Frühjahr 2004 auf der Hannover Messe Industrie. Junge Auszubildende des Automobil-Zulieferers *WABCO* demonstrierten die einstige Funktion des Bandes und wie die Fahrzeuge einstmals Schritt für Schritt entstanden. Der große Zuspruch durch das interessierte Fachpublikum beflügelte alle Beteiligten, das Produktions-Ensemble weiter zu vervollständigen. Schritt für Schritt wird das Fließband, Eigentum des gemeinnützigen Fördervereins für ein Technik-Forum Hanomag im Großraum Hannover, auch künftig ausgebaut und kann auf Veranstaltungen eingesetzt werden.

Ausstellungen der Fließfertigung

Der Nachbau der Fließfertigung stand im Herbst und Winter 2005 im Mittelpunkt der Sonderausstellung „80 Jahre Hanomag Kommißbrot“, die vom September 2005 bis März 2006 im *ZeitHaus* der *Autostadt* in Wolfsburg präsentiert wurde. Das *ZeitHaus* erinnerte damit an einen frühen Meilenstein der Automobil- und Industrie-

195 Zeitungsbericht über eine 1999 im BBZ Hildesheim erfolgte Rahmenrekonstruktion

196 Die Hanomag-Freunde verfügen mittlerweile über viele originale Kommißbrot-Teile, um die Rekonstruktion der Fertigungsstraße möglichst authentisch erscheinen zu lassen

197 Der Aufbau der aus vielen, massiven Einzelteilen bestehenden Fließfertigung ist sehr zeitaufwändig

geschichte, denn schließlich war das *Hanomag* „Kommißbrot" der erste Kleinwagen, der in Niedersachsen vom Band rollte und die einheimische Bevölkerung mobil machte.

Für die Ausstellung wurden neben dem Fließband noch der *Hanomag*-Nachfolge-Modell 3/16, der 1,3-Liter Typ Autobahn sowie mehrere Großfotos ausgeliehen, die dem Betrachter die damaligen Produktionsschritte bei der *Hanomag* veranschaulichen – ergänzt um passende, dazu gestellte Exponate wie einen Montage-Tisch für Motoren oder den Rohbau einer Karosserie.

198 Die Fließstraße vom Kommißbrot in der Totalen im ZeitHaus der Autostadt in Wolfsburg, 2005/2006

199 Skizze der rekonstruierten Fließstraße, wie sie schon mehrfach ausgestellt wurde

200 Plakat zur Ausstellung 90 Jahre Hanomag Kommißbrot bei den Mobilen Welten im Hannoverschen Straßenbahn-Museum

201 Frisch gebackene Kommißbrote von der Hannoverschen Bäckerei Borchers

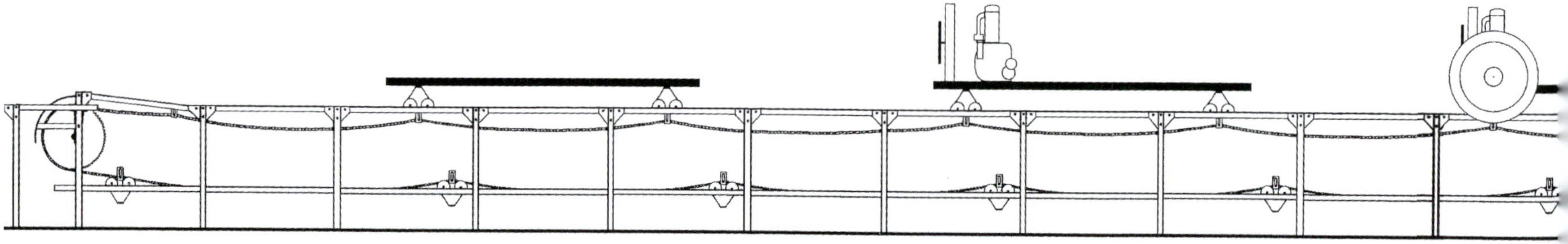

Durch die engagierte Unterstützung von Auszubildenden hannoverscher Unternehmen – *Continental*, Gummi-Jäger, *Komatsu Hanomag* und *WABCO* – konnte anhand des Fließbandes die damalige Produktionstechnik aus der Frühzeit der Automobilherstellung den interessierten Besuchern veranschaulicht werden.

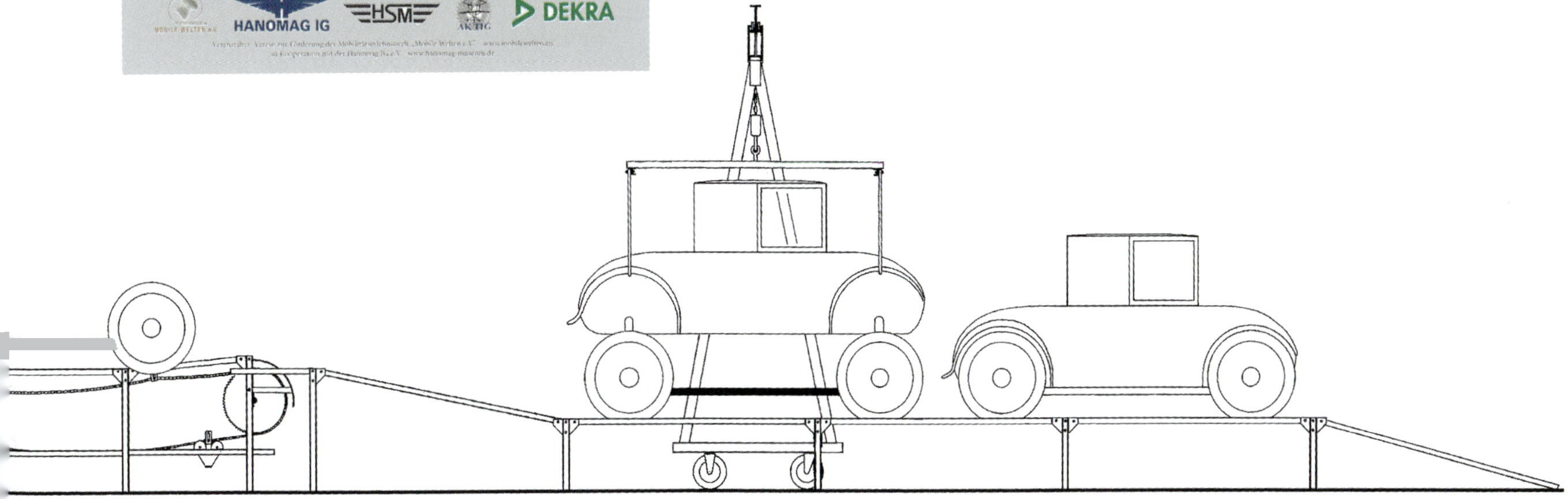

202 Das Fließband in der historischen Salzmühle auf dem Gelände des Hannoverschen Straßenbahn-Museums (HSM) im Sommer 2018, …

203 … eingerahmt von zahlreichen zeitgenössischen Ausstellungsstücken

Zahlreiche Pokale, Plaketten und weitere Auszeichnungen dokumentierten die Erfolge von Hellmuth Butenuth, der viele Rennen und Wettbewerbe mit dem „Kommißbrot“ absolvierte. Seine Erfahrungen aus dem Motorsport flossen direkt in die Weiterentwicklung des „kleinen Hanomag“ ein, der durch seine innovative Technik und die günstigen Produktionsbedingungen zu einem Meilenstein unter den frühen „Volks-Wagen“ wurde, auch wenn es eine Firma dieses Namens erst viel später gab.

Gut zwölf Jahre später bot sich erstmals wieder die Gelegenheit, die Fließfertigung in einem größeren Rahmen ausstellen zu können. Anlässlich des 90-jährigen Jubiläums des *Hanomag* Typ 2/10 organisierte die HANOMAG IG e.V. in Kooperation mit den *Mobilen Welten e.V.* erneut eine Kommißbrot-Ausstellung; sie dauerte vom 12. August bis zum 7. Oktober 2018.

Dafür wurde die ehemalige Salzmühle im *Hannoverschen Straßenbahn-Museum* (HSM) in Sehnde-Wehmingen bei Hannover ausgewählt. Hier sind seit Anfang 2017 die *Mobilen Welten e.V.* ansässig. Der ebenfalls gemeinnützige Verein hatte dort bereits 2017 eine bemerkenswerte Fahrradausstellung und Anfang 2018 noch eine Motorenausstellung gezeigt.

Nach einer Reihe von ehrenamtlich geleisteten Arbeiten zur Herrichtung der denkmalgeschützten, 1898 erbauten Salzmühle, fand hier die dritte Ausstellung der *Mobilen Welten e.V.* am neuen Standort vor den Toren von Hannover statt.

Auf ca. 800 m² Ausstellungsfläche stand natürlich auch hier wieder die 25 m lange Rekonstruktion der Fließfertigung von 1926 im Mittelpunkt. Weitere bedeutende Exponate waren ein Kommißbrot-Taxi, eine Leihgabe aus Hamburg, der ADAC-Straßenwachtwagen von 1927, sowie ein von einem Profi in Gostyn / Polen neu aufgebauter Korb-Rennwagen. Bemerkenswert aber auch die kleineren Inszenierungen aus der Blechbearbeitung, dem Motorenbau und der Sattlerei der *Hanomag*. Die Präsentation zahlreicher Modelle in unterschiedlichsten Maßstäben rundete diese Ausstellung ab, die es verdient hätte, auch andernorts nochmals präsentiert zu werden!

Horst-Dieter Görg

204 Das Kommißbrot mit Korb-Aufbau, von einem polnischen Sammler leihweise zur Verfügung gestellt

205 Dieses Taxi wurde nach historischem Vorbild von einem norddeutschen Experten wieder aufgebaut

Jubiläumsausstellung 2025

Die Hanomag-Freunde pflegen seit nunmehr 40 Jahren das „Erbe“ des Traditionsunternehmens aus Hannover-Linden. Mit einem eigenen Exponat-Fundus und guten Querverbindungen im Rücken war es naheliegend, das Jubiläum dieses besonderen, frühen Kleinwagens gebührend zu feiern.

Auf Initiative der Mobilen Welten wurde dies in deren erweiterten Räumlichkeiten im Erdgeschoss der ehem. Salzmühle im Hannoverschen Straßenbahn-Musuem (HSM) in Sehnde-Wehmingen südöstlich von Hannover möglich. Nach monatelangen, intensiven Vorbereitungen und Schaffung der erforderlichen Brandschutzmaßnahmen wurde diese letztlich durch viele helfende Hände möglich – räumlich gut eingebettet in verschiedenste andere Ausstellungsthemen rund um die Historie der Mobilität.

Horst-Dieter Görg

206 Ausstellungsplakat zum Jubiläum 2025

207 Diorama zum Karosseriebau in der Ausstellung

208 Historische Wellblech-Garage mit Patina-Kommißbrot aus der Sammlung der in Gründung befindlichen HANOMAG-Stiftung

209 Zahlreiche Transporte waren im Rahmen der Ausstellungsvorbereitung erforderlich

210 Aufgearbeiteter, kompletter Werkskarren, nach erfolgter Hauptuntersuchung aus eigener Kraft auf dem Weg in die Ausstellung

Das Kommißbrot als Modell in allen Varianten

Das Kommißbrot wurde als Miniatur-Modell in unterschiedlichsten Maßstäben abgebildet. Verschiedenste Hersteller haben sich immer wieder an diverse Größen herangewagt. Individuelle Stücke hingegen, deren Entstehung hohen zeitlichen Aufwand und viel handwerkliches Geschick erfordern, brauchen schon besondere „Fürsorge". Einer der Spezialisten für das Thema Modellbau ist Wilfried Krebs, der nachfolgend die einzelnen Modelle vorstellt – bis hin zum Kommißbrot als Tretauto, das die Hanomag Interessengemeinschaft e.V. kürzlich aus erster Hand und noch voll funktionsfähig ausfindig machen konnte.

Wilfried Krebs, Jahrgang 1942, verbrachte sein ganzes Arbeitsleben „auf der Hanomag". Naheliegend, sich auch mit den Produkten des Unternehmens zu befassen. „Irgendwann fasste ich den Entschluss, das Thema Hanomag auch zu meinem Hobby zu machen", erinnert sich der leidenschaftliche Bastler. „Ich wollte die Fahrzeuge, an denen ich tagtäglich auch im Werk zu

211 Hatte bereits anlässlich der Kommißbrot-Ausstellung im Sommer 2018 einen besonderen Auftritt – das Tretauto in 1:2 von 1929 (Foto: Bernd Lange)

212 Zwei Rennversionen des 2/10 in 1:25, Einzelstücke

213 Fließfertigung im Modell, M. 1:43

214 Vollständiger Bausatz M. 1:25 aus der DDR

215 Neu aufgebautes 1:25er Modell

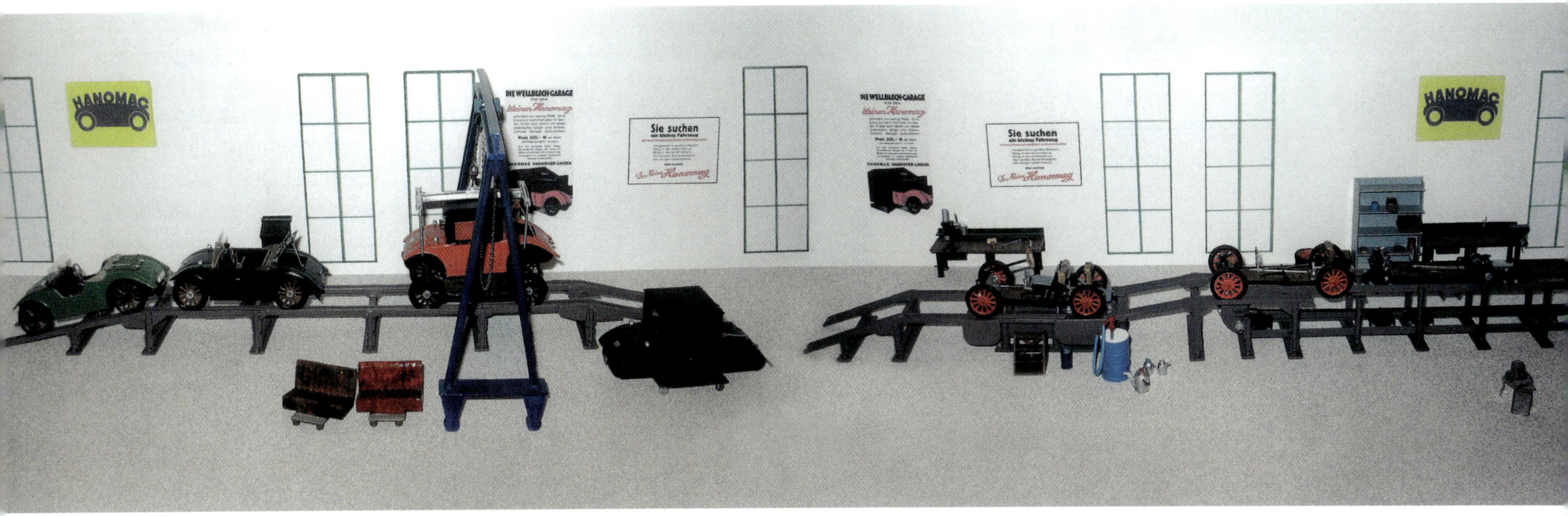
HANOMAG
DIE WELLBLECH-GARAGE
Sie suchen
HANOMAG

HANOMAG
LIEFERWAGEN ▪ PLASTBAUSATZ M 1:25
Baujahr 1925

Hanomag Kommißbrot

tun hatte, im Modell umsetzen.“ Fraglich war jedoch, wie sich dieser Wunsch in die Tat realisiert werden sollte. Die meisten Hersteller behandeln das Thema Hanomag / Komatsu eher sträflich, weiß Wilfried Krebs aus eigener Erfahrung. Zwar gibt es viele Personenwagen im Modell, doch nur wenige aus dem Bestand des hannoverschen Traditionsunternehmens.

Krebs fasste vor vielen Jahren einen Plan. „Gibt es keine vernünftigen Modelle, baue ich sie mir

216 Die Panzer-Attrappe hat Wilfried Krebs ebenso als Modell gebaut wie …

217 … das Kommißbrot mit Wellblech-Garage

218 Als Zinnfigur wird der „kleine Hanomag“ heute noch produziert

Von monströsen Tragpflügen bis zu modernsten Allradschleppern!

Eine außergewöhnliche Dokumentation!

Horst-Dieter Görg, Matthias Meiburg (Hg.)

LANDMASCHINEN VON HANOMAG
Die Schlepper aus Hannover von 1912 bis 1971.

2. Auflage 2024. 192 S. Hardcover im Großformat 21 x 29,7 cm.
ISBN 978-3-7582-0799-0

Mit über 350.000 in knapp 60 Jahren gefertigten Landmaschinen hat die Hanomag Fahrzeuggeschichte geschrieben. Die vorliegende, erstmals in der Olms Presse in Hildesheim erscheinende zweite überarbeitete und erweiterte Auflage der „Landmaschinen von Hanomag" bietet dazu mit zahlreichen Bildern, Prospekten, Daten und Geschichten, Zahlen und Fakten eine Fülle an Material. In acht Kapiteln mit ca. 30 Beiträgen nebst ausführlichem technischem Anhang wird die Geschichte eines der wohl bedeutendsten Produktionszweige des traditionsreichen deutschen Maschinenbauunternehmens, seiner Produkte, Fertigungsentwicklungen und dahinterstehenden Personen mit Zusammenfassungen der Inhalte auch in englischer Sprache erzählt.

Verlag
Olms
Presse

eben selbst.“ Gesagt, getan. Zunächst galt es, erst einmal entsprechende Vorlagen zu sammeln. Also wurde die gute alte *Vogtländer*-Kamera zum steten Begleiter des *Hanomag*-Enthusiasten. Übersichtsfotos, Detailaufnahmen und genaue Maße der Originale wurden zusammengetragen. Und auf dieser Grundlage und auf Basis des regen Austausches mit den Aktiven der Hanomag IG entstanden und entstehen zahllose faszinierende Modelle.

HORST-DIETER GÖRG

219 Der 2/10 als Limousine im Maßstab 1:25, neu aufgebaut von Wilfried Krebs

Danksagungen

Der Autostadt in Wolfsburg, Herrn Dr. Pötter, verdankten wir 2005 die Initiative zur Ausstellung „80 Jahre Hanomag 2/10 PS Kommißbrot“ und die Anregung zur ersten Ausgabe dieses Begleitbuchs. Die zahlreichen, damals neu aufgefundenen Bilder erhielten wir insbesondere von den Familien Böhler, Butenuth und Knott-ter Meer sowie von Michael Mende und Herbert Höpfner. Bei der Gestaltung und redaktionellen Überarbeitung der Texte haben seinerzeit dankenswerterweise Andreas Asche, Torsten Hamacher, Christian Jäger und Dieter Tasch geholfen; sie haben teilweise auch die 2., überarbeitete und erweiterte Auflage begleitet, die anlässlich der Ausstellung „90 Jahre Hanomag Kommissbrot – Deutschlands erster Kleinwagen aus Hannover“ erschien. Nach zwischenzeitlich erfolgter, teilweise erfolgter Digitalisierung und der Erschließung neuer Quellen war diese erweiterte und überarbeitete 3. Auflage möglich. Darum haben sich insbesondere Walter Grimme, Uwe Groth, Curt Müller und Michael Schmitz verdient gemacht, aber auch die fleißigen Aktiven der Mobilen Welten im Hannoverschen Straßenbahn-Museum (HSM) in Sehnde-Wehmingen, der Oldtimer-Freunde Hildesheim, sowie insbesondere der Schrauber-Gemeinschaft KRAD aus Bockenem-Störy.

Bildnachweis

Andreas Asche: 200; Autostadt: 192, 194; Eckhart Bartels: 131; Ernst Bergner: 48 – 50; Familie Böhler: 3, 8, 9, 14, 17, 18, 21, 105, 142; Familie Butenuth: 5 – 7, 15, 19, 29, 78 – 82, 85 – 89, 91, 93, 112, 116, 172, 173; Dustin Fricke: 157 – 160; Horst-Dieter Görg: 1, 2, 11, 16, 20, 23, 40, 41, 55, 83, 84, 90, 92, 94, 99 – 107, 118, 119, 129, 135, 143 – 151, 169 – 171, 174 – 176, 178 – 187, 188/189 (Repros von Originalen aus 1927), 191, 195, 196 (Repro Menno Aden, HAZ), 197, 202, 204, 205, 207 – 210, 218; Siegfried Grösche: 121 – 123; Sebastian Härke: 62; Torsten Hamacher: 193, 198, 203, 204; Manfred Hamm: 61, 65, 66; Ellen Herfs: 82, 83; Historisches Museum Hannover: 10; Herbert Höpfner: 70 – 77, 79; Sabine Jacobs: 129 (Passbild-Repro); Freya Jacobi: 108 – 110; Christian Jäger: 12, 13, 22, 24, 115, 117, 125, 130, 177; Reinhard Koch: 161, 162, 164, 166, 167; Familie Knott-ter Meer: Titel (kl. Bild), Rückseite oben, Vorsatz, Schmucktitel, 4, 25 – 28, 30 – 38, 42 – 44, 54, 60, 63, 64, 67 – 69, 107, 219; Wilfried Krebs: 211, 213 – 217; Büro Bernd Lange: 212; Stephan Lindloff: farbiges Titelbild, 152 – 156; Peter Loose: 189; Michael Mende: 45 – 47, 51 – 53, 56 – 59; Karl-Friedrich Meyer: 132 – 134; Curt Müller: 39; Maciek Peda: 96 – 98; Michael Schmitz: 126, 128, 206; Tampa Bay Automobil-Museum: 163, 165, 168; Jörg Teiwes: 120; Hans-Joachim Weise: 85, 124; Karlheinz Wichur: 139.

Herausgeber

Horst-Dieter Görg, Dipl.-Oec., Jahrgang 1959, freiberuflicher Motor-Journalist, Buchautor und Herausgeber von Fahrzeug- und Unternehmens-Chroniken, Vorsitzender der Hanomag-Interessengemeinschaft e.V., lebt in Hildesheim (weitere Informationen unter www.hanomag-ig.de)

Seiten-Ansicht

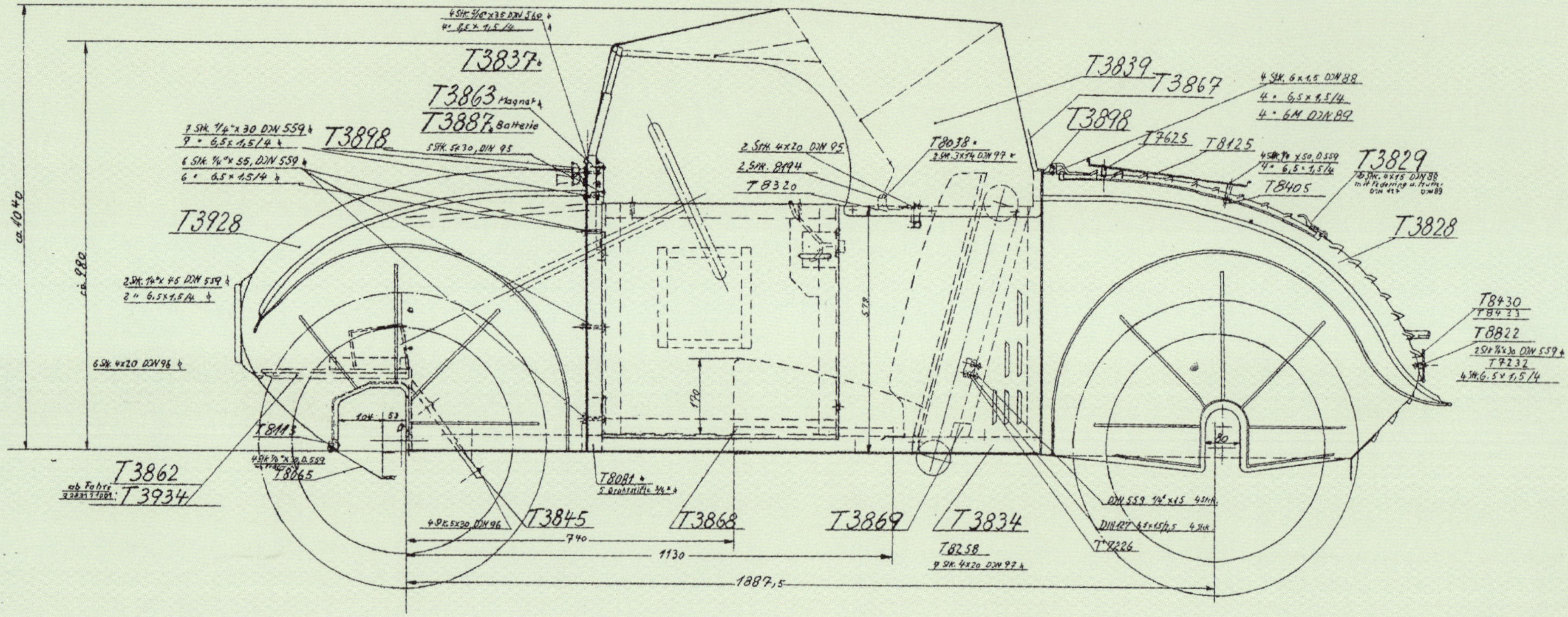

1924–1928